青少年 科普知识 读本

打开知识的大门，进入这多姿多彩的殿堂

U0669953

动物

奥秘追踪

金 帛◎编著

河北出版传媒集团

河北科学技术出版社

图书在版编目（CIP）数据

动物奥秘追踪 / 金帛编著. --石家庄：河北科学
技术出版社, 2013. 5（2021. 2 重印）
ISBN 978-7-5375-5851-8

Ⅰ. ①动… Ⅱ. ①金… Ⅲ. ①动物-青年读物②动物
-少年读物 Ⅳ. ①Q95-49

中国版本图书馆 CIP 数据核字（2013）第 095466 号

动物奥秘追踪
dongwu aomi zhuizong
金帛　编著

出版发行	河北出版传媒集团	
	河北科学技术出版社	
地　址	石家庄市友谊北大街 330 号（邮编:050061）	
印　刷	北京一鑫印务有限责任公司	
经　销	新华书店	
开　本	710×1000　1/16	
印　张	13	
字　数	160 千字	
版　次	2013 年 6 月第 1 版	
	2021 年 2 月第 3 次印刷	
定　价	32. 00 元	

同一个地球，同一个家园。在美丽的地球家园里，生活着各种各样的动物，它们不仅让我们的生活更加丰富多彩，而且还维持着大自然的生态平衡。动物同样也是地球的生灵，让我们以博爱之心去对待我们周围的动物朋友吧。它们分布广泛，甚至可以说无处不在。它们或驰骋于陆地，或畅游于水底，或翱翔在天际……它们有的庞大，有的弱小；有的凶猛，有的友善；有的奔跑如飞，有的缓慢蠕动；有的能展翅翱翔，有的能自由游弋……它们同样面对着弱肉强食的残酷，也同样享受着生活的美好，并都在以自己独特的方式演绎着生命的传奇。正是因为有了这些多姿多彩的生命，我们的星球才显得如此富有生机。

然而今天，由于种种原因，我们只能从照片中、图画里看到那些神奇的美妙的身影。喜爱动物的青少年朋友，是不是很想知道，生活在大千世界里的动物们的生活是什么样子的呢？它们的身上都有着怎样的奥秘呢？翻开这本书，你就会发现里面的文字会让你更近一步了解、贴近那些可爱的动物。

　　本书打破动物的类别界限，放眼整个动物界，展开各项妙趣横生的专题探索，通过这些专题研究，深入浅出、淋漓尽致地揭示了动物们那些鲜为人知的"内幕"，让人禁不住惊讶、赞叹，甚至会心一笑，并引领青少年读者深入思索，力求解答那些未有定论的疑问和谜团。让我们一起走进动物生活的世界，探索那些你所不知道的奥秘吧。

前言

第一章　动物的语言表达奥秘

第二章　动物的爱恨情仇

目录

第三章　动物的怪异行为

目录

第四章　动物的生存奥秘

第五章　谜一样的动物传奇

目录

第一章
动物的语言表达奥秘

科学证明，语言并不是人类所独有的。动物同样有自己表达语言的方式。动物语言表达之神奇，方式之怪异，形式之巧妙，都是令人匪夷所思的。但是，一切研究还是刚刚开始，也许有一天，动物的语言真能够让我们明白一些不知道的事情呢！

有意思的动物语言

动物的大脑语言：由于动物的行为是大脑支配的结果，动物学家为了揭开动物的语言之谜早就开始对动物的大脑进行了研究。现已发现其中存在着多种评议体系。有电脉冲语言，这是靠神经细胞通过神经突触来传递的。有神经系统的"建筑"语言，这是由神经元之间新的神经腱在错综复杂的神经突触中构成的。还有一种化学成分语言，这是靠某些化学介质来传递的。

目前，生物学家已经翻译出了化学成分语言的部分编码。美国的一个联合研究小组分离和破译出了一种基因结构，它能编制并产生受体的译码。他们从电鳐细胞中分离出了这种基因并把它移入了青蛙的性细胞中。这无疑是解开大脑语言之谜的关键一步。

动物的声音语言：大多数动物都会鸣叫发声，如果仔细倾听，你会发现它们在不同的情况下发出的声音是不一样的。这些声音在动物之间起着信息交流的作用，于是就成了它们的语言。当然，这只是它们的语言，我们人类仍无法完全知道它们在说些什么。蟋蟀的声音清脆动听，并像乐曲一样，能够体现出它们的感情。在雌雄相处时，那轻幽的声调犹如情人窃窃私语；在独处一方时会发出强音招引朋友；在互相格斗时，则以高亢的叫声来助威。猪通过简单的呼噜声来表达对主人的情感；雄海豹用大声咆哮来表示它们保卫自己领土的意图；松鼠则发出啁啾的声音和颤鸣来宣布它们的领土权；至于犬吠、马嘶虎啸、狼嚎狮吼猿啼等也都是动物信息或情感的交流。一般来说，动物在异性相互吸引、求偶交配时会发出欣喜欢快的鸣声，而在痛苦感伤时则会发出委婉悲凉的鸣声。动物的声音是用各种方法产生的。青蛙鸣叫时在它的两颊鼓起圆圆的气泡犹如两个小皮球，随着口腔吸气的流动时胀时缩。原来青蛙除了有两条声带之外，在咽部喉头两侧，还有一个共鸣的装置，这就是可伸缩的鸣囊。两边的鸣囊起着共鸣作用，所以青蛙的声音特别洪亮。蝉有一套与众不同的发音系统，它不是用口腔发出声音而是用肚皮说话。雄蝉腹部两侧有一块凹卵形的发音膜，由于肌肉的收缩而使薄膜振动发音，再经腹部的特殊扩音系统而使音量加强。由于肌肉收缩的松紧程度而使振动频率不断发生变化，声音也时高时低。蜜蜂、蚊子嗡嗡的鸣音是靠翅膀的摩擦振动。昆虫的胰状翅膀每秒振动频率很高，蚊子每秒振动 160～500 次，蜜蜂一般每秒振动约 440 次。每秒振动次数越多，声音越尖利，振动次数少，声音就显得低微柔和。

动物的气味：动物语言常常靠体内腺体分泌一种微量化学物质进行通讯联系。这种微量化学物质被生物学家称为信息素。而这种信息素常伴有特殊气味，在空气中扩散迅速，达到引诱异性、追踪群体集合或分散、迁移或冬眠等目的。这种气味虽然不发出声音，可也算是一种语言，生物学家们称其为气味语言。目前，人们已经查明一百多种昆虫的气味的化学结构，如引起同种异性个体产生性冲动与配偶行为的性气味；帮助同类寻觅食物，迁居异地指引道路的跟踪气味；通知同种个体对劲敌采取防御措施的警告气味；召唤同种昆虫聚合过冬的集合气味。生物学家曾把一种船舸鱼捉起后再放到河里，结果河里所有的鱼都逃离了原来的栖息场所。鱼有一种警戒激素，一旦它的皮肤受伤，这种警戒激素就会在水中迅速传播开来，其他的鱼就会隐蔽起来。一只老鼠遇到另一只陌生的老鼠时就会竭力撵走不速之客甚至会把对方咬死，因为陌生老鼠身上发出一种特殊的气味雄鹿在求偶时，也有一种奇怪的行动，它身上有几十个芳香腺，两个在内腹角，一个在尾下，两个在后足跟，每个蹄子上还各有一个。它把芳香腺往树上擦，树上便留下了自己的气味。这种气味雨打风吹都不会消失，雌鹿闻到后就会跟踪而来。几乎在所有动物中，气味语言都是它们互相传递信息的一个重要手段。但是，这些特殊的气味是如何产生的呢？这还有待于科学家们去探索。

动物的行为语言：动物还会用不同的行为来表达它们的意思。这也是一种无声的语言。一匹马需要搔痒时，它会去咬另一匹马的后颈或肩部，还有需要搔痒的部位，另一匹马会领会它的意思，转身去轻咬同伴需搔痒的部位。长颈

鹿在发生危险时，用猛烈的奔跑来传递警报给同伴。有一种鹿的尾巴，内侧呈白色，当它竖起尾巴时，就成为一种醒目的信号。看到它的尾巴下垂不动，就表示平安无事；如果它尾巴半掩就表示处于警戒状态；如果它尾巴完全竖起，白色完全显露，就表示发现危险。蜜蜂除了会发出嗡嗡声之外，它的盘旋飞舞也是一种语言。这些都吸引着年轻的动物学家不断观察和研究。

动物的语言表达工具

和人类的语言相比较，动物的"语言"要简单得多。在同种动物之中，它们使用"语言"来寻求配偶，报告敌情，也可以用来表达友好、愤怒等感情。

春天，是猫的发情期，一到晚上，猫就会出去寻找配偶，人们常可以听见猫拖长了声调的叫声，这是在吸引异性。

动物的"语言"，也用来沟通动物和主人的关系。夜晚，在农舍前，传来一阵陌生人的脚步声，看门狗伸长了耳朵，随着声音的接近，它狂吠起来，这是告诉主人，有陌生人靠近我们的家，要警惕。

虽然鹅的叫声都是单调的"嘎、嘎、嘎"声，有位叫劳伦茨的教授却成功地翻译出了鹅的"语言"。如果鹅发出连续 6 次以上的叫声，意思是说："这里快活，有许多好吃的东西。"如果刚好是 6 个音节，则表示：这儿吃的东西不多，边吃边走。如果只发出 3 个音节，那就是说："赶快走，警惕周围，起飞！"在鹅发现狗的时候，会从鼻腔中发出一声"啦"的声音，鹅群们一听到这个声音就惊恐地拍动双翅，慌忙逃走。

狒狒是一种低等灵长目动物，在中央电视台的《动物世界》节目中，曾经介绍过它们的群居生活。

根据科学家的分析，狒狒的语言已经很复杂，它由声音和动作两个部分组成，它们的语言包括 20 多种信号。

当发现敌情时，狒狒王会发出一种特殊的叫声，警告其他狒狒逃走或准备战斗。在动作上，狒狒可以有十几种眼神，它的眼、耳、口、头、眉毛、尾巴都可以活动，表示出友好、愤怒等感情，如此丰富的声音和动作，就组成了狒狒复杂的"语言"系统。

鸟类的"语言"也是我们非常熟悉的，人们常用"莺歌燕舞""鸟语花香"来形容我们美好的祖国。

研究鸟的"语言"的科学家发现，鸟的"语言"可以分为"鸣叫"和"歌唱"两种。"鸣叫"指的是鸟类随时发出的短促的简单的叫声，它们常常是有确定含义的。例如，鸡（鸡也属于禽类，是飞鸟的"亲戚"）的"语言"是我们常听见的。

在温暖的阳光下，鸡妈妈带着一群小鸡在觅食，它用"咯、咯……"的叫声引导着小鸡，而小鸡的"唧、唧……"的叫声也使鸡妈妈能前后照应它的孩子们。这时，天空中出现了一只老鹰，鸡妈妈立刻警觉起来，向小鸡们发出警报，展开双翅，让小鸡们躲藏在它的翅膀下。

至于"歌唱"，主要是发在繁殖季节由雄鸟发出的较长、较复杂的鸣叫，关于这些"歌唱"的意思，科学家有不同的分析，归结起来有两种观点，一种认为是雄鸟在诱惑雌鸟，另一种认为"歌唱"是宣布"领域权"，表示这块地方已经属于它所有，别人不得侵犯。

动物语言中的方言。在人类的语言中，有着方言，一个北方人来到南方，或者一个南方人去到北方，一时听不懂那里的方言。在动物中，同样也存在着类似的情况。

每一种飞鸟几乎都有自己独特的语言，不同种类间互不相通。有这么一个故事：在某个动物园中，一只野鸭闯入了红鸭的窝中，把老红鸭赶走，自己帮助红鸭孵出了一窝小鸭，可是这些小红鸭根本听不懂野鸭的"语言"，不听从它的指挥。小鸭们乱成一团，野鸭也毫无办法。后来来了只大红鸭，它只讲了几句"土话"，小红鸭就乖乖地听它的话了。

不仅不同种动物之间语言不通，而且同种动物之间也有方言。美国宾夕法

尼亚大学的佛林格斯教授研究了乌鸦的语言，而且将它们的语言用录音机录制下来。当成群的乌鸦从天上飞过时，佛林格斯教授在地上播放他先前录制的乌鸦的"集合令"，这时乌鸦群就乖乖地降落在地上。当他将乌鸦的"集合令"录音带带到另一个国家去播放时，就不灵了。他发现，居住的国家和地区不同，乌鸦的语言也不一样，法国的乌鸦对美国乌鸦的"讲话录音"就一窍不通，甚至于对它们的报警信号也毫无反应。

科学家发现，海豚也有自己特殊的"语言"。

在海洋生物中，海豚的"语言"是最复杂的，它可以使用多种声音和信号，用来定位、觅食、求偶和联络。然而，令这些科学家所感到惊奇的是，海豚的"语言"是世界通用的。单个海豚总是默不作声，若有两只海豚碰到了一起，"话匣子"就打开了，它们一问一答，可以聊上很长的时间。为了研究海豚的语言，美国科学家曾做了一个"海豚打电话"的实验。把两只海豚分别关在两个互不联通的水池里，通过话筒和扬声器让它们互相"交谈"，然后录下它们谈话的内容进行分析。当科学家将来自太平洋和大西洋的两只海豚分别置于两个水池之中时，这两只家乡相距8000千米的海豚，竟然通过"电话"交谈了半天。

尾巴的语言功能

能够用尾巴发声的动物确实是很罕见的。但在南美洲、北美洲大陆的一些地区，大名鼎鼎的响尾蛇的尾巴就有这种功能。

响尾蛇种类较多，体长一般在1~1.5米，最长的可达2米，是一类毒性很强的蛇。

它们的尾巴虽然与其他蛇类不同，但也不是生下来就具备音响器的。刚孵

化出来的响尾蛇，尾巴的末端很像纽扣，响尾蛇必须蜕皮才能生长，每蜕一层皮，响尾蛇尾部留下一条角质环，成年响尾蛇尾的端有一串角质环，是多次蜕皮后残留下来的角质化表皮。

这种角质化表皮围成了一个空腔，空腔内又由角质化表皮隔成两个环状空泡，也就是两个空气振动器，当响尾蛇的尾部一晃动，在空泡内便形成了一股气流，随着气流一进一出地往返振动，空泡就发出"嘎啦，嘎啦"的响声。响尾蛇尾部摆动的频率为每秒钟 40～60 次，发出的声音最响时，在 30 米以外也能听到，周围的一些动物听到这种声音时，往往吓得拔腿就逃。

也有科学家认为，响尾蛇发出的声音有点像溪流似的水声，用来引诱口渴的小动物，也是一种捕食的方法。

海獭和臭鼬都是哺乳动物中的鼬科动物，它们的尾巴都是出色的警告器，而海獭的尾巴还是水中划行和筑堤的工具。

海獭十分灵敏，当它发觉敌兽袭击时，就会发出"警告"，用扁平的尾巴猛击水面，打得噼啪作响，于是它的伙伴就会立即潜逃得无影无踪。臭鼬同样也会用它的尾巴当作警告器，但它所警告的是敌方而不是同类。

如果人见到臭鼬的尾巴往背部卷曲成弓形的姿势，就该识相一点，赶快避开。否则，它的肛门腺分泌出臭液散发的恶臭会令你昏倒。

动物的特殊语言工具

尾巴动作是动物的一种"语言"，不同动作表达了动物的不同情感。其中最典型也是人们最熟悉的例子，要数狗与猫了。

狗在兴奋或见到主人高兴时，就会摇头摆尾，尾巴不仅左右摇摆，还会不断旋动。尾巴翘起，表示喜悦；尾巴下垂，意味危险；尾巴不动，显示不安；尾巴夹起，说明害怕；迅速水平地摇动尾巴，象征着友好。

狗的尾巴能表现它的情感，狗虽不懂人语，但能辨别人的音调。如果你用亲切的声音对狗说："坏家伙！坏家伙！"它会摇摆尾巴表示高兴；反之，如果你用严厉的声音说："好狗！好狗！"它会夹起尾巴表示不愉快。

此外，尾巴摆动的频率，反映了狗的健康与兴奋的程度。摆动得愈快，表示愈兴奋和健康；摆动得慢，表示虽有兴奋感，但健康状况却不佳。而执行任务时的猎狗、警犬和军犬，它们尾巴摆动的含意就更丰富和深刻了。

猫也能通过尾巴表达自己的情感。当猫遇到新情况或极度兴奋时，比如在发情期遇到异性，猫的尾尖常会剧烈地抽动；当发现老鼠或其他动物，准备出击时，猫的尾巴就与身体成一条直线，随着身体的下伏，尾与地面平行，只有尾尖在微微摇动；当与敌手搏斗和非常生气时，猫会用整条尾巴猛烈地抽打地面，发出啪啪的响声；受到惊吓而感到恐惧时，猫的尾巴会发抖似的颤动；当猫端坐着沉思时，尾巴前端会稍微摆动；在向主人乞食时，猫的尾巴又会向上笔直翘起，与身体成90°角。猫在睡眠时，尾巴常围绕在自己身旁。

以后的研究发现，动物尾巴除上述这些功能以外，还具有其他作用，如食蚁兽等一些尾巴粗大、尾毛浓密的动物，它们在卧地休息或睡觉时，常常将自己的大尾巴盖在头部和躯体上，起遮阴和保暖作用。动物尾巴的不同功能，是动物对生活环境的一种适应。

跳舞也是一种语言

　　语言并不全是有声音的。聋哑人之间的交谈，全部靠哑语，也就是靠规范化了的手势和表情。在动物界中，也有"哑语"。

　　蜜蜂之间的"交谈"是通过舞蹈来表达的。如果说它们全是用"哑语"，这也不确切，因为蜜蜂除了舞蹈的姿势以外，还要用翅膀的振动声来表达。振翅声的长短，表示蜂巢与蜜源距离的远近，振翅声的强弱则表示花蜜质量的好坏，这样蜜蜂就能通过"舞蹈语言"和"振翅语言"把蜜源的方向、距离、蜜量多少等信息传递给伙伴。

　　人们很想通过"语言"来与动物通话，其中最普遍的也许是人与狗之间的交流。人们常说，狗对主人忠诚、老实，狗对主人的声音十分熟悉，只要略加训练，它就能根据主人的口令趴下、跃起、坐下、站立、前进等。

　　人们曾设想训练黑猩猩"说话"。黑猩猩的智力在动物界中居上等，而且它们许多地方也和人相似，例如猩猩没有尾巴，和人一样有32颗牙齿，胸部只有一对乳头，母猩猩每月来一次月经，怀孕期也是9个月。猩猩和人的血液成分也很相似，也有不同血型，面部也同样可以表现出喜、怒、哀、乐等各种表情。但可惜的是它们的发音器官极不发达，大多利用手势来表达意思。

　　在美国有一对名叫加德纳的夫妇，采用美国聋哑人通用的哑语，去教授一只名叫"娃秀"的雌性猩猩。这只小猩猩出生后18个月就在热带森林中被人捕获，从此成为加德纳夫妇的"养女"。他们非常用心地训练娃秀，和它生活在一起，给它创造非常好的学习环境。为了不使声音干扰娃秀的学习，在小猩猩在场时，他们自己就用手势交谈。经过两年的训练，娃秀可以理解和领会60种手势，其中有34种可以在日常生活中灵活运用，如"吃""去""再多些""上""请""内""外""急""气味""听""狗""猫"等，它还能将一些手势连贯起来。

动物如何表白

热恋中的青年男女，一句话、一个手势，甚至一个眼神，往往蕴藏着丰富的情感。可是在广阔无际的自然界，那些纤小的昆虫是怎样寻求配偶、怎样倾诉衷情的呢？这你不必替它们担心，昆虫自有"求爱术"。

夜幕低垂的乡村郊野，流萤飞舞，发出美丽的光彩，有淡黄的，有浅蓝的，也有橘红的。人们熟悉的萤火虫就是通过这种闪光的"语言"，来寻找配偶，表达爱情的。

在萤火虫的腹部末端藏着一个手电筒似的发光器，由透明层、发光层和反射层组成。透明层在发光层之前，就像手电筒上的玻璃面；反射层在发光层之后，相当于反射镜；发光层内有几千个发光细胞，它们含有荧光素和荧光酶等发光物质。

当氧气沿虫体的呼吸气管进入发光细胞后，在荧光酶的催化下，荧光素与氧气就发生了一种复杂的化学反应，这个反应过程所产生的能量，以一种缺乏红外线的"冷光"——荧光的形式，通过透明层反射出来。萤火虫的呼吸节奏，控制了对发光细胞的氧气供应量，使尾巴上的"活灯笼"，形成了忽明忽暗的"闪光语言"。

一般来说，雄萤飞翔能力强，雌萤躯体肥胖、动作不便，翅膀也不如雄萤发达，有的甚至退化了，只能在草丛中爬行。

夜色降临，雌萤从隐蔽所爬上高高的草叶，发出荧光招引雄萤。科学家们发现，雌萤往往比雄萤所发出的荧光亮数十倍，而雄萤的视力却是雌萤所望尘莫及的。

如英国的提灯萤，雌萤的复眼只有 300 只左右的小眼，而雄萤的小眼至少有 2000 只。当然，每种萤火虫都具有自己特有的求爱信号，以避免找错对象。由于各种萤火虫所含的荧光素和荧光酶不尽相同，所以发出的光色也丰富多彩。可是，产于北美洲的一些雌萤，它们的荧光并没有颜色的区别，而雄萤火虫却能识别自己所追求的情侣，这全靠了闪光频率的差异。

菲律宾民答娜峨岛上的萤火虫，常数以千计以相同的节律一同闪光，因而能招引远处更多的异性。

在萤火虫的求爱中，也会出现"悲剧"。美国有一种雌萤，能模仿另一种与它貌似的雌萤的闪光，被引诱的雄萤一旦与它相会，就会被它吞食，成为美餐。

除了萤火虫具有这种"闪光语言"外，有些蛾类也有类似的"闪光语言"。

如有种雌飞蛾能放射出人眼看不见的红外线，使自己胸部的温度较周围环境高出 10℃左右。雄蛾凭着头上两根天线般的触角在冷冷的夜空中，搜寻这些不寻常的"热点"，能从 5 千米外赶来，向雌蛾求婚。

优美的歌声。在昆虫王国中，有不少雄性公民能"唱"出优美动听的"情歌"，以赢得雌虫的爱情。雄虫们演唱的方式五花八门，蚱蜢用后腿摩擦发声、蟋蟀用翅膀相互摩擦发声、蝉用腹下薄膜发声、蝗虫用腿摩擦紧绷着的翅膀发声。

昆虫鸣声的机制可分为两大类：摩擦发声和振动发声。

蟋蟀是靠翅膀互相摩擦而发声。在蟋蟀上翅基部的下表面，有一条带齿的横脉，形似小锉而被称为"音锉"；下翅的上表面，恰巧在音锉的下方，长着一种尖尖的"摩擦缘"。当两翅升起抖动时，引起摩擦缘摩擦音锉，于是产生出清亮的声音，使雌蟋蟀循声而来。

一般雄蟋蟀的鸣声可以吸引 10 米以内的雌蟋蟀。欧洲有一种雄蟋蟀所发出的声波竟能传出近两千米。

人们对雌蚊振翅发出的尖啸声向来感到厌烦，但这种声音对雄蚊来说，却是一种亲切的呼唤，它能把雄蚊引诱至雌蚊身边。

而未成熟的雌蚊发出另一种音调的振翅声，这种音调对雄蚊则毫无吸引力。用振翅发声来寻求配偶在蝇类中很普遍。

蝉也是昆虫世界出色的歌手，而只有雄蝉才会唱歌。蝉的发声器生在腹部第一节两侧，是两片有皱褶且有弹性的薄膜，叫"声鼓"，它与里面能迅速收缩的"声肌"相连接，外面还有起保护作用的盖板，叫"复瓣"，复瓣与声鼓之间有一空腔，能起共鸣作用。因此，蝉的鸣声听起来显得特别集中、洪亮，它短短的一生中，就是用这种"歌喉"不知疲倦地唱着情歌，寻求它的伴侣。最近，一些科学家利用先进的声音摄谱仪研究了北美蝉的鸣声，这种仪器可以把声音信号转化为图像，从而有助于对声音进行精确的测量和分析。经研究发现，北美蝉能用不同的声调唱出两支不同的歌，一支是为了平时招引同伴，另一支是在求爱时对雌蝉唱的情歌。

随着雄蝉动听的情歌，一生沉默不语的雌蝉会被招引过来，与雄蝉停歇在同一树枝上，如果两相情愿，情投意合，就结为恩爱夫妻。

昆虫的情歌，并非人们想象的那样单调无味。事实上，它们的歌声也有抑有扬，富有情感。比如有种生息在美国南方各州的绿色小昆虫，雄虫在求偶的时候，会唱出三部曲：一是寻友歌，类似蛙叫而有节奏；二是约会歌，短促而颤抖；三是婚礼进行曲，类似狗的哼鼻声。有些雌虫也会唱着这三部曲，主动向雄虫求爱。

气味的魅力。用气味来传递情书是昆虫求爱最妙的一招。大多数雌虫体内含有特殊的腺体，能分泌一种化学物质，叫"性引诱素"。这种性引诱素具有特定的气味，随着空气的流动，迅速地向四周环境扩散。这样在雌雄昆虫之间就形成了奇妙的联络暗号。中国云南大理的蝴蝶泉边，每年5月中旬，有数不清的蝴蝶聚会求偶，形成了绚丽多彩的"邵蝶虹"。

原来，就是雌蝶腹部末端分泌出的性引诱素，吸引了四面八方的雄蝶前来约会。

雌虫分泌的性引诱素量很少，但吸引力令人吃惊。有一种蚕蛾分泌的性引诱素不过 1 微克，但足以吸引 100 万只雄蛾赶来幽会。

人们根据昆虫用性引诱素诱引异性的求爱方式，人工合成了性引诱剂，大量诱杀农业害虫，也可以将性引诱剂洒在田间，扰乱雄虫，使它们找不到配偶，无法交配，从而断子绝孙。

目前，人们已经发现约有250余种昆虫具有性引诱素，其中80多种已经能分离提纯，并阐明了化学结构式，有近30种性引诱素可以人工合成。昆虫性引诱素的深入研究，为虫情侦察、害虫防治工作开辟了新途径。

动物的声音

能发声的动物是极多的，麻雀的叽叽喳喳，炎夏的蝉鸣，举不胜举，几乎每天都可以听到动物的叫声。从蜘蛛、虾蟹、昆虫到鱼类、蛙类、鳄类、龟鳖等。其中以鸟儿的鸣声最佳，哺乳动物也是能发声的。

树蛙的鸣唱，是由三只雌蛙为一组，以三种不同的音调依次鸣唱，接着另一组又演唱起来，有时大合唱由

一只老蛙开始，它声音洪亮，它领唱，接着大合唱就长时间进行下去。合唱比独唱声音大得多，传得更远，使更多的雌蛙赶来聚会。

在雄鳄的领地如另有雄鳄，领主就会气势汹汹地上前吼叫赶走来者。

雌鳄产卵后守在卵坑旁，3个月后，幼鳄在卵中大声叫唤，像人的打嗝声，这从沙土下传出的唤声，在20米外都能听清楚，鳄的父母应声后用前爪和喙拨开沙土，将卵叼出，爬到水边，把卵放在水里，然后轻轻一压，卵壳破了，幼鳄就在水里出生了。卵在双亲嘴里就停止了尖叫，而改成轻轻的"吱吱"声，在水里生活的幼鳄时时用叫声与父母联络，遇到危险就发出刺耳的嘶鸣。

幼金丝猴在寻找成年猴时发出"呜呜"声，发现食物时发出"嘎嘎"声。日本猴能发出37种有意义的声音，包括群内联络信号，低位猴防御信号，优位猴威吓进攻信号，警戒声，雌猴发情的叫声，幼猴想吃奶或不满时的啼叫等。

母鸡唤小鸡发出"咕咕"声，下蛋后大叫"咯咯哒——咯咯哒"，遇有不祥动静，就警觉地发出轻轻的颤音，给鸡群报警。

春暖花开时，柳莺每天唱2340支歌，林鸲唱3377支歌。频繁、重复的歌声促成雌雄相会。

声音能向四面八方传播，一般不被阻挡，声音本身在频率、强度等方面有很大差别性和精确的时间性，这有利于动物表达复杂含意，使动物间更好地联络。有的如蝙蝠、鲸等还利用回声探知外界情况。总之，发声有利于动物的生存。

会唱歌的鲸鱼

航行在茫茫的大海上，单调、枯燥的生活往往让人非常烦躁，但有时会从无边无际的大海上传来悠扬动听的歌声，使人们烦躁的心情顿时平静下来。这悠扬的歌声是谁唱出来的呢？原来是那海洋动物之王——鲸。

在鲸的群体中，须鲸是唱歌的能手。经观察，它们无论是成群结队还是单独一个，唱的都是同样的歌，但节奏并不完全相同。一首歌唱过一年以后，第二年又换成新歌。这些乐曲十分复杂，有一定的规律，有同样的结尾，很像人类诗歌的韵脚，与人类古典乐曲中的咏叹调极为相似。最短的6分钟，最长的可达半个小时。它们的音域宽广，高音可达到工厂的汽笛声那么高，低音可与人类混声乐队的低鸣相比。有人把它们的歌声录下来，加快14倍播放，那声音就像美妙无比的夜莺在歌唱。它们的歌声激发了作曲家的灵感，有人根据鲸鱼唱的歌，谱出了很凄婉的乐曲，那曲调忽而像叹息，忽而像呻吟，听起来催人泪下。

鲸鱼为什么要唱歌呢？有些生物学家经研究认为，其目的是为了向异性表达爱情，因为唱歌的鲸鱼只有雄性，并且还是在生殖季节。大概是为了赢得对方的欢心，才唱出这么美妙的歌声的。

但人们又发现鲸还有其他表达爱情的方式，如接吻——互相用嘴撞触。由此看来，如果唱歌是为了表达爱情的话，那也只能是一部分。还有没有其他目的呢？现在还说不清楚。

此外，人们还惊奇地发现，鲸是没有声带的，那它为什么能发出声来呢？这也是一个至今没有解开的谜。

动物与人的语言交流

随着科学的进步，人与动物的语言沟通不是没有可能的。现在，动物学家在这方面已经取得了重大成果。

一位名叫艾伦的美国心理学家，对一只年龄为 13 个月的非洲鹦鹉进行了一年的训练。这只鹦鹉不仅能吹莫扎特的乐曲，说类似"别笑我"的话，而且还能辨别颜色，说出 80 多个它喜欢的东西的名称，并且会用人的语言表达自己的愿望。

1989 年，在墨西哥的一家教堂里，牧师正在为一对新人主持婚礼。就在新郎、新娘宣读誓词时，牧师的宠物——鹦鹉，却抢先一字不漏地念了出来。从此，这座教堂就增加了鹦鹉代人读结婚誓词的仪式。

如果说鹦鹉能流利地说出人的语言还不足为奇的话，那么，狗、象、海豹等动物也能讲人话，就实在是个奇迹。下面就是一些科学家创造的奇迹。

在日本，一位名叫藤原邦子的女子，训练了一只 8 岁的杂交狗。这只狗在她的训练下，能说一些简单的话。每天清晨，这只狗都会主动地向主人问好，如："欧哈哟，高扎一麻斯！"（早晨好）；当主人上班时，它又说："撒哟那拉！"（再见）；到了晚上，它又会说"昆邦哇"（晚上好）来迎接它的主人。

在哈萨克斯坦的一个动物园里，有一只从小被人养大的象巴蒂尔，它也被训练得能说一些简单的话，但它说的都跟自己有关，比如"巴蒂尔是好样的""水""你给象喝水了吗"等。

在美国波士顿市的水族馆里，有一头会说话的海豹吸引了许多游客。它能够对观众说"你好"，还会说"请你离开"等。

在世界各地，还有一些通晓动物语言的人。巴西有一个叫弗朗西斯的小男孩就懂得动物的语言。这是一个性格孤僻、早熟的孩子，他唯一的爱好就是跟各种动物打交道，他能将团团围住客人的蜜蜂带回蜂房，甚至还能钻进狮子笼里跟它说悄悄话。

巴西的一些心理学家曾访问过他，并亲眼看过他的表演，但对他的"能力"无法做出解释。

但是，仍有许多学者认为，人与动物的语言沟通根本没有可能，因为动物说话只不过是机械的模仿，它们根本不可能懂得人类语言的含意，加上声带结构的不同，有许多基本发音它们无法模仿。

也有许多科学家对人与动物进行语言沟通抱有很大的希望，努力地做着各种实验。他们认为，有些动物不仅能讲人语，还能听懂人说话的内容，它们能够像人一样用语言来表达自己的愿望，改变自己的环境，达到与人沟通的目的。

训练鹦鹉的艾伦女士认为，鹦鹉能用学会的语言向人们提要求，这表明鹦鹉至少已在某种程度上懂得了人话的含意，掌握了词汇所表示的概念。

美国亚特兰大市莫瑞大学的心理学家们，曾做了一项令人惊叹的动物语言实验。他们设计制造出了一种电脑控制系统，作为人类与猿类之间完全客观的媒介。黑猩猩莲娜在 2 岁时，被送进实验室熟悉电脑控制系统的键盘。

它很快就知道了什么符号会使什么事情发生，并可以熟练地运用机器来提出问题，索取东西。它的非凡的语言能力完全超出了人们的预料。

看来，人与动物的语言沟通指日可待。

土拨鼠的语言

乍看上去土拨鼠胆小如鼠，外观上也与普通的地松鼠没什么两样，但最新研究表明，土拨鼠竟是自然界最"健谈"的生物之一！据英国《每日电讯报》

1 月 23 日报道，生物学家日前发现，这类擅长挖掘的啮齿动物有着动物王国里最高级、最精致的语言系统，可以说其发达程度仅次于人类。

这项研究成果让不少野生动物专家感到意外，因为人们一直以为人类的"近亲"灵长类或者诸如海豚那样的聪明的哺乳动物可能是仅次于人类的"大话王"。

然而，来自美国北亚利桑那州大学的生物学家斯洛博奇科大教授指出，土拨鼠所发出的短促而尖厉的咆哮是含意丰富的。他最初是在研究其报警信号的时候发现了土拨鼠的这项通讯本领的。

作为群居动物，一群浩浩荡荡的土拨鼠大军往往会占据北美草原上数百英亩的地盘。一旦领土受到外界侵犯时，它们就会大声发出报警信号以提示同伴威胁出现。

斯洛博奇科夫教授介绍说，这些大声地咆哮实际上就是土拨鼠所独有的语言。这套复杂的语言通讯系统是由具有不同意义的音调构成的，能够详细说明潜在掠食者的大小、颜色、所在方向，甚至行驶的速度。

"令人惊讶的是，对于土狼、獾和鹰等不同的侵犯者，土拨鼠的报警信号会出现相应的微妙差异。这是可以理解的，因为针对不同的掠食者，它们会采取不同的应对策略，"斯洛博奇科夫教授说，"比如遇到擅长突袭的土狼，它们就会跑到洞穴里，然后保持直立姿势密切提防形势的发展；但如果是会挖掘的獾，它们就会蹲在洞穴里以免被发现。"

更有意思的是，斯洛博奇科夫教授说，不同区域的土拨鼠具有不同的"方言"。人们有时会听到截然不同的土拨鼠叫声，这是因为有的是来自野生环境，有的则来自动物园。

让人着迷的海豚音

海豚总是让人着迷。古希腊人希罗多德因撰写有关希腊与波斯战争的著作而开纪事体史书之先河。他讲过一个故事，诗人阿里翁乘船出海时遭海盗袭击，思量着大势已去，便唱了一曲诀别哀歌，然后纵身跳入汹涌的大海。没想到一头海豚过来，背着他游了好几里到达岸边，他得救了。

这个故事后来被莎士比亚改编成剧本《第十二夜》。

时至今日，关于海豚搭救水手和渔夫的传闻依然层出不穷。

在希罗多德之后过了4个世纪，另一位对西方文学影响深远的人物普鲁塔克写了一篇寓言体散文，论述"陆地动物与海洋动物智慧之优劣"，其中谈到海豚是这样写的："唯海豚超绝群伦，其禀性有受之造化而令哲人称羡者，重交谊不较得失之谓也。"

望见海豚与出海的船只并肩而行，逐浪嬉戏，听到海豚变换声调此呼彼应，时而嘶哑如初中男生，时而婉转如思春少妇，看着海豚面挂始终不退的笑容，古往今来不知有多少人油然生起亲切之情。

尤其要提到海豚的呼唤声，乍听之下，仿佛它们在用自己的语言说话。

然而，对海豚的科学研究直到20世纪后半叶才臻于成熟。

人类学家格列高里·贝特森同在新几内亚搞研究出了名的玛格丽特·米德是同事，两人于 1936 年结为伉俪。

贝特森对海豚兴趣浓厚，所以着手研究它们的行为。

到 1965 年，他弄清了海豚生活在组织严密的群体中，群体有一位公认的首领，这很像灵长类动物。

与此同时，关于人类开放意识状态的著名研究者约翰·C. 利利也在研究海豚，目的是要查明它们能在多大程度上相互交流以及同人类交流。

贝特森的发现反复地被人证实。

毫无疑问，海豚形成了复杂的群体。

利利的工作虽然启发了其他许多研究者，却一直是有争议的。

他进行的一项测试可以说明，为什么他的研究令一些人振奋，却又被另一些人严厉指责。

利利是想了解，自己能否教会一头海豚（称呼是 8 号，他避免起名字）重复一定音调、时程和强度的哨声。

海豚若是反应正确，能得到食物奖励。

正如这类测试中常有的事，8 号很快掌握了"游戏规则"，随后便好像是在按自己的心意改变规则，挨个儿提高其喷水孔所发哨声的音调。

再接下去利利注意到，尽管喷水孔在动，像是在发出声音，却听不见。

事情显然起了变化，海豚能发出人听觉范围以外的一系列声音，这个能用电子装置监测到。

利利以为海豚在重建游戏，十分欣喜。

在他看来，这是海豚适应性智力的又一标志。

不管怎么说，规则建立起来了。利利没有听到声音，所以不给奖励。

由喷水孔的动作来判断，海豚又有两次发出人听不见的声音，想得到奖励而没有成功，于是再度发出利利能听到的声音。

对于利利来说，海豚的行为证明了它具有高级智力，高明到了能够测试老师的程度，而且更加令人印象深刻的是，它能理解高音调声音所引起的问题，并加以解决。对于利利的批评者来说，研究根本没有证明什么。

谈到海豚会模仿一些哨声，他们反驳说，海豚改变游戏规则说明它们笨，而不是聪明。海豚也许很顽皮，但讲它存心把人玩得团团转，叫疑心的人听起来未免太牵强附会。

至于说海豚故意提高音调，那只是利利的解释。提高音调可能纯属偶然，或者更糟，是因为不能专心做眼前的事情——发出一定的哨声来取得食物。

换言之，所谓"智力"云云与其说是在海豚脑子里，不如说是在利利脑子里。

类似的批评也针对着利利的其他许多实验以及其他研究者关于黑猩猩的许多实验。利利自己也用黑猩猩做过实验，而且多次发现海豚学会按右按钮（某些实验中的术语）所需尝试的次数比黑猩猩少得多。

在批评者看来，这类发现又像是拿苹果跟橘子比。有些测试可能本来就比较适合海豚的行为。

不少研究者根本不喜欢用任何方式方法去测试动物的智力。他们相信，搞这类测试的人有一种"拟人论"倾向，老是将人的特征谬加给动物，到头来肯定会歪曲研究结果。

利利还有别的问题让他在科学界成不了正果。他这个人兴趣太杂，先是热衷于超感知觉，然后又迷上了卡尔·萨根的外星智能探索，忙乎着搜寻外太空文明发来的无线电信号。

他甚至露过口风，人学着跟海豚沟通是明智之举，可以为将来跟外星人交流打下基础。诸如此类的表态气得有些科学家火冒三丈，就算利利的研究给畅销小说《海豚的日子》提供过灵感也无济于事。

说到《海豚的日子》，那是罗伯特·墨勒的创作，出版后赚足钞票，1973年由麦克·尼可尔斯改编成电影，一时间引起轰动。小说的主人公海豚被描写得身手非凡，不仅能执行多项任务，索性还知善恶、明是非——拟人论得一塌糊涂！

另一些科学家继续对海豚进行研究，有些结果成功地支持了利利对海豚智力的高度钦佩。杰维斯·巴斯提安对名叫巴茨和多瑞丝的两头海豚进行了一项实验，结果表明，它们能交流人类所谓的抽象概念。

两头海豚被放在一个分隔的水池里，相互隔着障碍网能够看见。双联开关和信号灯安装在隔开的两侧。

如果信号灯发出稳定的光束，海豚就要推撞右开关；如果信号灯闪烁，就推撞左开关。两头海豚没有费什么工夫就学会了，在正确完成测试任务后得到了食物奖励。

随后，实验要求更难了。巴茨得先推撞正确的按钮，多瑞丝待着，接下去多瑞丝推撞同一个按钮，它们俩一起获得奖励。

一等到它们掌握了要领，就在水池中树起一堵墙，使得它们再也不能相互看见，而且只让多瑞丝一侧的信号灯发光，但两头海豚仍旧能听到对方。当信号灯稳定发光时，多瑞丝等着巴茨先推撞按钮，正如它们先前在实验的第二个步骤上被教的那样。

当然，因为巴茨那边的信号灯根本没打开，所以什么也没有发生。这时，多瑞丝发出了声音，巴茨便即刻去推撞它那一侧的右按钮——尽管它那边没有灯光能让它看到。

多瑞丝接着完成自己该做的动作，它们俩都得到了鱼。测试重复了 50 遍，巴茨一般能推撞正确的开关，只是偶尔有错。

实验证明了三点：①海豚学会分辨左右（一个抽象概念）没问题；②多瑞丝能与巴茨沟通：让对方知道该推撞右按钮还是左按钮，沟通时只用声音；③多瑞丝显示了解决问题的能力，因为它认识到了情境有改变。

多年来，类似于以上的实验，加上对海豚在其栖居场所中的观察，取得了惊人的结果。人们不能不问：海豚在智力上到底同人类有多接近？约翰·利利的早期实验也许没有设计得尽可能严密，但后来关于巴茨和多瑞丝的研究支持了利利对海豚能力的高度评价。

它们确实很聪明，很少有科学家对这一点有过什么争执。那么海豚同人相比又如何？

有一种经典的方法被用于计算各种动物可能有的智力，就是将脑重与整个体重相比较。

长吻海豚是我们最熟悉也最容易遇到的，其脑重与体重之比仅次于人类。

平均而言，人的脑体之比为 2.10%，海豚为 1.17%，黑猩猩位居第三，为 0.70%。

要是光看三者的脑重，暂不考虑体重，那么海豚排行第一，平均脑重 1.75 千克。人脑平均 1.4 千克，黑猩猩 0.4 千克。

请记住，这里讲的是平均数。有的海豚脑重高达 2.3 千克，不过它们的身体也比较大。

这些数字的确让人感兴趣。如果你只看重脑体比，你会觉得海豚在智力上仅次于人；若是考虑海豚与人的脑重差别，还会以为海豚更聪明。但是这种比较存在着严重的问题。

加拿大人麦戈文既是动物学教授，又是古脊椎动物博物馆的馆长。1994 年，他写了一本《从硅藻到恐龙：生物的大小和尺寸》，彻底否定了脑体比的意义。

他引用了从简单到复杂的种种事例来点明问题："一只猫的脑占其体重的 1.6%，而一头狮子的脑只约占体重的 0.13%，可是狮子的智力一点也不比猫低。"猫与狮子的脑体比差别同躯体代谢率有关。

然而，躯体代谢率虽然能说明许多这样的例子，却远远不能说明一切。麦戈文讨论了人们将脑同躯体大小相关联的种种尝试，这当中有该领域的早期专家哈利·杰里森，他为包括哺乳类、鸟类、鱼类、两栖类和爬行类在内的近 200 种动物绘制了一张对数图表。

麦戈文注意到，在一类动物与另一类动物之间，图表显示的结果有不同含义。例如，在大的和小的灵长类动物之间，脑的大小相差悬殊；而在鲸类动物鲸鱼和海豚中，脑的大小差别就不那么悬殊。

即使在鲸类动物中也有造成差别的问题。比如说，蓝鲸的长度是抹香鲸的两倍，而抹香鲸的脑也许是地球上所有动物中最重的。

1949 年捕杀过一头抹香鲸，身长 15 米，脑重 9 千克。蓝鲸属于须鲸类，要靠食用大量的小浮游动物才能生存，它们的嘴相当于身长的 1/3，里面充满了鲸须（鲸骨），形成过滤器。这些庞大的进食器占去了头部的很大一部分，所以留给脑的空间就不多了。抹香鲸属于齿鲸类。

就像海豚，它们需要更大的脑是出于两个理由：①它们靠声音定位；②它们属于复杂的生物群体。这两点都使得抹香鲸不能跟蓝鲸一样，像个巨大的吸尘器在海里横冲直撞，而要有更高的智力。

更大的困难在于了解脑所要执行的功能，不光是脑的大小如何。对于鲸脑的各部分如何工作，我们知道得比对人脑还要少——尽管两者在结构上有相似之处。

很有可能，海豚脑的很大一部分空间用于处理声音定位。你看，海豚的声呐系统有这么精细的调节，连美国海军也不惜耗巨资加以研究，以便改进各种水下操作。

另外，海豚在潜水时能控制自己的每一次呼吸，把血液集中在身体的特定部位。人要是做得到，就能有意识地克服哮喘、调节血压。

在呼吸和血压方面，海豚比人更少听任本能，更多主动控制。我们可以从两个角度看待上述现象：一方面可以把它看作高智力的标志，远非人所能及；另一方面它也可能表明，海豚脑的大部分用于这类调节活动，结果用在抽象思维和语言创造上的余地就很小了。

说到语言创造，那也许是我们遇到的最深的奥秘。毫无疑问海豚能以最惊人的方式相互沟通。研究人员观察到，有些情况下它们之间的沟通无论如何得称作"会议"。例如，一群海豚游近某个地方，那里有一排杆子插在海床上，杆子上装着水下麦克风。海豚们会停下来，其中一头海豚游上前去察看情形。这位"侦察员"回来后，海豚们发出各种各样的声音，然后一起前进。水下观察者多次见到上面讲的那种行为，他们简直被这种看上去像开讨论会的情景迷住了。

2000年8月《科学》杂志上的一篇报道则走得更远。苏格兰生物学家文森特·M.简尼克分析了长吻海豚沿着苏格兰莫雷·弗斯海岸游弋时相互沟通中的1700种哨音信号。海豚们常用同样的信号进行为时几秒钟的彼此应答。

因为匹配沟通信号被假设为人类语言进化的重要一步，所以他提出，海豚能使用"声音语言"，它是口头语言进化的前提。其他人在更早些时候所作的研究已经弄清楚，年幼的海豚得到某种信号性的哨音组合，它构成自我识别的一种形式，可以被看做名字。

这样，一头海豚就能把哨音信号专门传达给游到一定距离以外的另一头海豚。

持怀疑态度的人反对说，这些哨音没有显示出足够多样的差别，不足以称为语言。但即使这对我们来说算不上一种语言，对海豚却算得上。

我们不妨想一想二次大战中重大的密码战成果。美国海军招募了几十名美国那伐鹤人（某印第安部落成员）在太平洋上担任"密码谈话员"。他们被分派到海军各分队，受训使用专门的军事行动术语，当有电信要发送和接收时，就负责操作无线电台。

那伐鹤语的拼音直到当时之前不久才确定下来，因此日本人全然无计可施。他们破译了美军所有的密码，唯独没能破译这一种。照这样看海豚很可能有自己的语言，而我们却无从解释。

在这样的背景下，约翰·利利提出学习与海豚沟通可能有一天会帮助我们同外星人打交道，好像也未必如许多人最初想的那么傻气。

短命的歌唱家

在炎热的夏天，我们经常会听到躲在树上的蝉发出嘹亮的叫声，听起来就像在欢乐地歌唱。天气越闷热，蝉唱得越欢，时间也越长，真是不知疲倦的"歌手"啊！可是，蝉的家族里只有"男歌手"，雄蝉通过大声鸣叫来吸引雌蝉，而雌蝉没有发音器，是个"哑巴"。

蝉又名"知了"，是一种较大的吸食植物的昆虫，它们长有针一样中空的吸管，可以刺入树体吸食树液。蝉有不同的种类，它们形体相似而颜色各异。蝉的两眼之间有三个不太敏感的眼点，两翼上简单地分布着起支撑作用的细管。

这些都是古老昆虫种群的原始特征。

蝉有两对膜质的翅膀，翅脉很硬。休息时，翅膀总是覆盖在背上。蝉很少会自由自在地飞翔，只有采食或受到骚扰的时候，才从一棵树飞到另一棵树。有趣的是，蝉能一边用吸管吸汁，一边用乐器唱歌，饮食和唱歌互不妨碍。蝉的鸣叫能预报天气，如果蝉很早就在树端高声歌唱起来，这就告诉人们"今天天气很热"。

蝉在阳光下唱歌的生活只有短短的 1 个月，然后就死去了，因此说它是个"短命"的歌手。可是，它们的幼虫却是昆虫世界里的"寿星"！蝉的幼虫一般要在地下生活六年，以吸取树根部的汁液为生，经过多次的蜕变，然后从土中钻出来，爬到树上蜕皮后变成会唱歌的成虫。

蝉蜕皮时，就好像在进行体操表演。只见它的身体腾飞在空中，只有一点粘在旧皮上，然后翻转身体，头向下，翅膀用力向外伸直张开。最后，再把身体翻转上来，用前爪钩住空皮，把身体从壳中脱出。这段"体操"表演大约要持续半个小时呢！

第二章

动物的爱恨情仇

动物与人一样，是有着丰富的情感的。不管是与人相同的亲情表现，还是与违背自然的感情，都证明动物有感情存在。甚至很多情感的表现，连人都感到震惊和惊异。也许，为了延续自己的种族，为了生活的快乐和谐，动物们也像人一样，懂得爱，懂得礼仪。

别惹急了它们

动物也会报复吗？回答是肯定的，而且动物的报复手段还多种多样呢。下面就是几件动物报复人的事儿。

在中国四川省的峨眉山，有一群欢蹦乱跳的野生猴子。它们给前来旅游的人带来了很多乐趣。但谁要是伤害了它，它就会记在心里，找机会报复。

有一天，一个小伙子抓着一把花生逗猴子玩，他一边逗一边说："来啊，来吃啊！"一只猴子连着跳了几下，小伙子却一颗花生也没有给它。猴子急了，猛地跳上去抓破了小伙子的手，花生也撒了一地，逗得旁边的人哈哈大笑。

小伙子恼羞成怒，也急了，顺手抄起一根木拐杖，向正在吃花生的那只猴子横扫过去。猴子被打得"吱吱"乱叫，拖着受伤的腿逃进了树林。它的腿被打断了，成了一只跛猴。

转眼到了第二年，那个大吼的小伙子又来了。当他走到仙峰寺的时候，看到路中间坐着一只猴子，正向来往的游人要吃的。这就是去年被小伙子打伤的那只猴，它一眼就认出了仇人，急忙一跛一跛地躲在一边，当小伙子从它旁边走过的时候，跛猴冷不防扑了上去，狠狠地咬了小伙子一口，疼得他"哎哟哟"直叫，腿肚子被咬得鲜血直流。他转身一看，

那只猴子已经上了树，还向他做鬼脸呢。打猴的小伙子这才恍然大悟，原来猴子是来报复他的。谁让他不爱护野生动物呢。

在重庆动物园里，曾有一只金丝猴王，它好像认为自己血统高贵，脾气暴躁，动不动就咬伤饲养员。有一次饲养员送食物慢了点儿，猴王就跑过来抓破了饲养员的手。为了惩罚它，饲养员拿起竹条，在它的屁股上狠狠抽了几下，猴王觉得丢了面子，便把这件事记在心里。过了几天，这位饲养员调走了。

半年以后，他回到动物园看望饲养过的金丝猴。没想到的事发生了，猴王从人群里认出了打过它的饲养员，想报复又找不到东西，就拉下一个粪团，向饲养员的头上扔去。猴粪弄了他一脸，真是叫人哭笑不得，金丝猴王却得意极了。

在美丽的云南西双版纳，经常有野生大象出没，它们是中国的保护动物。这一天，一个猎人发现一只鹿正在河边饮水，就举起猎枪瞄准，就在他刚要开枪的时候，突然传来一声怒吼，吓得他魂飞魄散。

他回头一看，只见一头大象正向他走来。猎人认出来了，自己前几天用枪打过这头象，可是没打中，它这是复仇来了。

猎人慌忙设置枪口向大象射击，由于心里发慌，没有打中。大象愤怒地向他飞奔过来，猎人转身就跑，不料被野藤绊了个跟头，手里的猎枪也给扔了。

大象上去一脚就把猎枪踩断了，用鼻子卷起来抛得老远。猎人乘机从地上爬起来，没命地逃跑，复仇的大象穷追不舍，把猎人逼到了山崖跟前。他急忙抓住一根粗藤，想爬上陡崖逃命。

大象扬起鼻子，把猎人卷了起来，使劲儿抛了出去，随着一声惨叫，猎人被摔死在悬崖底下。这就是偷猎野生动物的下场。

西双版纳有一个村子叫刮风寨，寨子边有一条小河。有一天，一头母象带着一头小象到河里洗澡，小象见到水特别高兴，撒起欢来。

大象母子玩得正开心的时候，被寨子里的几个猎人发现了，他们端起猎枪就打，可怜的小象刚爬上河岸，就被打倒了。母象立刻狂怒起来，嗥叫着朝上岸奔来，用鼻子抚摸着小象的伤口，悲愤极了。它一会儿又跑又跳，高声咆哮着，一会儿又用鼻子把小树拱倒，直到精疲力竭才依依不舍地离开小象，一步一回头

地向密林深处走去。

两天以后，这头母象带着十几头大象复仇来了，象群冲进刮风寨的时候，寨子里的青壮年人都到山上干活去了。留在家里的老人和孩子只好四处逃命。

大象也不追赶，却把寨子里的竹楼拱了个天翻地覆，然后大摇大摆地走进森林。等村民们回到寨子里之后，都责怪那些偷猎大象的猎人。

在印度，也曾发生过这样的事情。有一群经过驯化的大象驮运货物进城，卸下货物之后，其中一头大象在路边散步。当路过一家裁缝店的时候，大象好奇地把鼻子伸进窗口。一位正在做衣服的缝纫工人随手扎了象鼻子一针。

大象急忙缩回鼻子走了。没想到几个月以后，这头大象又来了，它在街心喷水池吸足了一鼻子水，来到这家裁缝店窗前，把那个缝纫工人喷成了个落汤鸡，然后扬长而去。

在印度，还发生过豹子报复猎人的事件。居住在卡查尔大森林的一个猎人，在上山打猎的时候，杀死了两头还在吃奶的小豹子。这下激怒了母豹，它偷偷地跟在猎人后边，记住了他的住处，等待机会报复。

两天以后，这个猎人的妻子到靠近森林的田里干活，还带着两岁的儿子。正当猎人妻子低头干活的时候，忽然听到孩子的呼叫声。

她抬头一看，之间一头豹子叼着她的孩子，飞快地向森林跑去，她拼命地又叫又追赶，也没追上。

三年过去了，那个猎人在山上打死了一头母豹，在豹穴里有两头幼豹和一个活着的男孩。仔细一辨认不要紧，这个"豹孩"就是他三年前被母豹抢走的儿子。这是母豹对他的报复。

在动物世界里，野牛的报复心理也很强。在非洲的肯尼亚，有个土尔坎族的居民，名叫阿别亚，他刚学会使用猎枪就去打猎。

他躲在山坡的灌木林里伏击野牛，等啊等啊，果然发现了一头，他举枪就打，击中了野牛的肚子。受伤的野牛逃走了，阿别亚在后面紧紧追赶，但野牛还是躲进了森林。

阿别亚还是不死心，就沿着野牛的血迹跟踪，边追边看地上的血迹，有时候看不清楚，他就弯下腰在地上仔细寻找。

正在这时，受伤的野牛找到复仇的机会，从背后冲了过来，阿别亚还没来得及直起腰来，就被撞倒在地，野牛用头死死地顶着他，直到把他顶死才罢休。

在沙特阿拉伯，有个油坊老板，养了一头老骆驼。有一次，老板做生意赔了本钱，满肚子怨气，回到家就用鞭子抽打骆驼撒气。

几个月后的一天夜里，那头挨打的骆驼走出骆驼棚，悄悄来到主人的帐篷外，站了一会儿以后，就突然冲进帐篷，向主人的床铺扑去，幸好当时油坊老板不在家。

老骆驼愤怒极了，就把主人的被子撕咬成碎片，这还不解气，又把主人用的餐具踏得粉碎，这才心满意足地出走了。

动物的报复心理是怎样产生的呢，它们的报复行为又怎么解释呢？

但现在还没有一个圆满的解释，需要科学家们继续研究探讨。

动物的求爱之路

如果交配被列为动物王国奥林匹克比赛项目之一，那必定竞争激烈。不同动物的交配时间长短各异，这与它们的体型大小无关，例如蛇、蛙和昆虫，交配时间长达几个小时，而驼鹿、熊、和狮子等大型陆地动物，却只需几分钟。

菱纹响尾蛇，主要分布在美国西南和墨西哥东北部的地区，做爱对它们来说是全天候的工作，如胶似漆的缠绵可持续25个钟头。一旦坠入爱河，它们就很难分开。一对响尾蛇情侣，如果有一方想要挪动，另一个也会被缠绕着一起离开。

驼鹿的求爱历程可谓千辛万苦，长途跋涉、占据地盘、激烈决斗。而正式交配，却比人系鞋带还快，只需5秒钟。驼鹿是北美洲最大的陆地动物之一，体重大致在730～1800磅（1磅≈0.45千克）。

每年9月中旬到10月中旬，是驼鹿的交配季节，它们要长途迁徙至传统的地点交配。连着几个星期，公鹿面临激烈的战斗。争斗中，一些公鹿折断了宽大、美丽的鹿角。所有的努力在异常迅速的交配中达到高潮。不过公鹿会再接再厉，与不同的母鹿交配，直至恋爱季节的结束。

鸟类不同于哺乳动物，它们没有外生殖器，这一点让很多人相信它们是贞洁单纯的。千万不要被此迷惑，

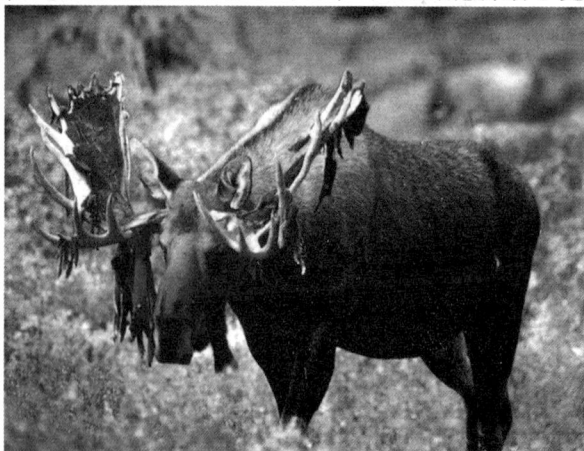

鸟类只是隐藏了它们的工具，在交配季节，它们同样感情热烈。

苍鹰体型魁伟、勇猛，在世界上很多地区的森林里都能见到它们的身影，在6~8个星期的交配季节里，情侣们每天交尾10多次。而一对苍鹰要交配600多次，才产下3~4枚卵。

这些长有鳍、羽毛或者绒毛的动物，求爱程式被设计为"刺激、挑逗雌性"，尽管没有鲜花、巧克力，它们当中也不乏送礼献媚的，在轰轰烈烈的决斗中，这样的调情显得格外甜蜜。

雄性美洲鳄实在不是美男子，皮肤粗糙、牙齿呲唬，而对待心上人它却格外温柔。这种凶猛的食肉动物，居住在美国东南部的沼泽、河流和湿地中，每年4月在浅水区交配。

它们的求爱方式从容而安静。交配前，雄性美洲鳄耐心地守候在雌性身边，不时地用前肢抚摩情人的身体。就这样，几天之后，雌鳄终于答应了求婚，雄鳄并没有粗暴上前，而是依然柔情地用头在雌鳄的喉咙边轻轻摩擦，仿佛在感激爱情的到来。也许是为了逗雌鳄开心，它竟然会在心上人的脸颊旁吹小泡泡。和人一样，香蕉鼻涕虫宁愿在毯子下面拥抱。不过它们的毯子不像我们舒适的棉被，而是用黏液结成的。"香蕉鼻涕虫"这个名字，源于它们狭长、黄色的体型。交配前，它们将自己团成半环状，圈住对方，在地面上织出厚厚的、黏糊糊的一层，然后在这床新毯子上缠绵几个小时。其实，它们的黏液不单是为了交配。分泌黏液可以帮助它们爬上高高的树木，抵御天敌，甚至还可以铺设猎取食物的陷阱。有种叫Hanging flies的飞虫，送给心上人的礼物比珠宝还要丰厚——昆虫的尸体。这么营养的结婚礼物，对善于捕食的雌性来说，本不算特别，可无论如何，美味的礼物足以让它心花怒放、心甘情愿地接受求爱。在交配高峰期，雌性Hanging flies不再自己猎捕食物，完全依赖于雄性的求婚礼物。

动物也懂得用音乐和曲调营造浪漫的气氛。鸟类一向以它们热烈的情歌著称，而热恋中的灵长类和熊类，也能哼出一两曲来。公猩猩的"咏叹调"，一方面是威吓其他雄性，阻止其侵入自己的领地，另一方面也为了吸引母猩猩。它一边唱一边摇摆树枝，激动时甚至推倒枯死的树木，这种听起来有些可怕的

情歌一唱就是几分钟，而且 500 米以外都听得真切。母猩猩择偶十分挑剔，听遍各种情歌，然后选出最强壮的雄性作为伴侣。每年春天，中国西部森林里弥漫着熊猫的声音，时而是高亢的吼叫，时而是委婉的低吟。雄性大熊猫甚至攀上大树，纵情歌唱。它们一旦互相钟情，雌性会蜷曲蹲下，低眉顺目，翘起臀部，等待雄性的爱抚。

燕鸥的情歌曲目繁多，有低柔的"keeearr"召唤爱侣，也有铿锵的"kek—kek"威胁竞争者。不只是歌唱那么简单，燕鸥还有舞蹈相配。雄燕鸥的航空表演，或俯冲，或滑翔，向异性展示自己的魅力。

在求爱期间，雄燕鸥非常大方，常常"请客吃鱼"，当然，其他的雄燕鸥也厚着脸皮来凑热闹，雌燕鸥则发出"ki—ki"的召唤，意思是："喂，可爱的男孩，给我带条鱼来。"

俄罗斯国立莫斯科大学生物系的专家发现，小锑鸟在"初恋"之前需要成年锑鸟的指导，否则小锑鸟无法掌握谈情说爱的"基本功"。这一发现对研究鸟类习性有一定的参考价值。

在动物界，叫声最富于变化的是鸟类。锑鸟为小型林鸟，以昆虫为食，种类甚多。锑鸟的叫声与大多数鸟类一样，可分为两种。一种是简单、短促的"呼叫"声。锑鸟在日常生活和遇到危险时常会发出这种叫声，以呼唤同伴。另一种叫声是雄鸟求偶时的"歌唱"。这种叫声的特点是音量大，声调复杂，变化多。歌唱的内容是为了向雌鸟显示自己的魅力和领地。

为了研究锑鸟的叫声变化，科研人员将自然界中出壳仅 5～10 天的隔锑、斑锑、红喉锑从窝中取出，移至实验室中喂养。俄专家发现，"与世隔绝"并没有影响锑鸟的日常交流。

当自然界中的小锑鸟开始"呼叫"时，实验室中的锑鸟也已基本掌握了这种简单的叫声，只是部分实验室锑鸟的"呼叫"不十分标准。然而，当自然界中同龄的小锑鸟发育成熟，开始高歌求偶时，实验室中的锑鸟却均未掌握复杂的"歌唱"技能。

即使研究人员给实验室中的锑鸟播放锑鸟的"情歌"录音，实验室中的锑鸟也学不会。科研人员进一步研究发现，自然界中的小锑鸟在学唱"情歌"时确实得到了前辈们的真传。

专家认为，在自然界中，小型鸟类有很多天敌。为了在这种环境中生存下来，鸟类常用最简单的"呼叫"向同类传递信息。通过不断的遗传，这种"呼叫"成了鸟类的本能，可以无师自通。然而，"恋爱""成家"是非常复杂微妙的事情，其方式方法无法遗传。因此，没有成年鸟的指导，小鸟无法掌握谈情说爱的基本功。

瑞典和加拿大科学家的一项最新研究证实，异性间并非总是相互吸引，它们也存在着因利益冲突而产生的"军备竞赛"。在自然界中，雄性生物总是趋向于和更多的雌性生物交配，以便把自己的基因更多地流传下去。而对于雌性生物来说，交配则增加了生存的风险，例如可能染上由性传播的疾病等，或者增加了被捕食者吃掉的可能。因此雌性更趋向于把与雄性的接触降到最低限度，于是两性之间就产生了利益的冲突。这种冲突导致了雄性和雌性各自进化出了不同的生理结构，以便在这种性别"军备竞赛"中尽可能地取胜。

瑞典和加拿大的一个合作研究小组观察了15种水生昆虫——水龟的形态和行为，结果发现，雌性水龟会尽量避开雄性的注意，体形上还有一些不利于雄性附着的特征；而雄性的体形则有一些有利于制服雌性抵抗的特征。

当雄性在这一"军备竞赛"中占优势的时候，交配率就上升；反之交配率就下降。这是科学家首次直接观察到性别间"军备竞赛"的证据。

动物怎样交流情感

　　人类的面部表情丰富，微笑、扮鬼脸、皱眉蹙额都可传情达意。大猩猩、黑猩猩以及其他灵长目动物也有类似的面部表情。狗、狼及其同类会噘起上唇、龇牙咧嘴表示愤怒；害怕或驯服时，会紧闭嘴巴、耷拉耳朵。还有少数哺乳动物，特别是群居的，也会用面部表情表达情感。但是相对来说，鸟类、爬行类、鱼类、两栖类和无脊椎动物的面部肌肉不大会动，很少有面部表情，甚至全无表情。

　　狗摇头摆尾表示快乐，若表示极其快乐，会躺下来，四脚朝天，露出肚皮，这是许多哺乳动物对好友或对手表示顺从的姿态。家猫蓄势待发时，会蹬腿弓背，背毛和尾毛全都竖起来。鱼有时改变鳍的位置，以表达情感。鸟类做出某种姿态，表示惊恐或准备进击。例如，灰雁抬起头来表示准备出击。

　　到了求偶期，多半由雄性动物发出信号，雌性也常会以动作表示接受。雄性招潮蟹挥动大螯求偶。有些雄蜘蛛会在雌蜘蛛面前大展舞姿，表明身份，以避免被误认为猎物。另外有些蜘蛛先弹动雌蜘蛛网才趋前求偶。鱼和蝾螈身上会出现鲜艳的斑点，特别是在繁殖季节，色彩变得更夺目。某些蜥蜴会抬起身子上下跃动。雉、孔雀及其他美羽动物喜欢展露斑斓夺目的羽毛。

　　鸟类从喉咙出声音，与人类发声非常相似。但鸟的发声器（鸣管）位于气管底部，而人类的喉却靠近气管的顶端。美洲鹤和号手天鹅等低音鸟类，气管竟长达三四英尺（1英尺≈0.3048米）。有几种鸟，如欧洲白鹳，因为没有鸣管，所以不能发出声音。

　　多数鸟类在早晨或黄昏啭鸣，中午安静下来。北美洲夜鹰只在黄昏或黎明前啭鸣。反舌鸟和夜莺则是夜间的歌手。鸟儿的啭鸣千腔万调，或婉转动听，或聒噪刺耳，没有完全相同的，但听惯鸟声的人单凭鸟声便可分辨出不同的鸟种来，有时比肉眼观察更准确。例如，熟知鸟类习性的人凭声能够分辨出几种不同的鸟，眼看反而很难分辨。几乎所有雄鸟的啼鸣都比雌鸟的动听。有些雀鸟一天内重复鸣唱无数遍，不断在地盘范围内的枝头间跳来跳去。鸟类啼鸣的高潮是在繁殖季节之前，多数品种过了繁殖季节就不再啼鸣。

除在歌舞剧等表演外，歌唱不是人类的日常语言。啼鸣也不是鸟类的日常沟通方式。鸟类主要靠叫声（叙鸣）互通信息，借此斥责、呼唤幼鸟、求食、纠集同类等。在树林中，听觉比视觉管用，因此啼鸣、叙鸣的作用特别重要。

雄蚊求偶时，凭雌蚊翅膀发出的独特声音找雌蚊交配。蟋蟀、蚱蜢和螽斯虫鸣叫的时候，利用身体某部分和另一部分摩擦，以发出声音。（只有雄虫才会鸣叫，各种昆虫的鸣叫声，也好像鸟鸣声那样各不相同。）某些蚱蜢后腿内侧有一排细齿，鸣叫时抬起后腿，用有齿的一侧在前翼坚硬的外线处拉上拉下。蟋蟀和螽斯虫在前翅后部附近有一粗糙表面，称为音锉，与另一前翅摩擦，可发出唧唧声响。雄蝉迅速收缩和放松身上的特殊肌肉，发出单调的尖锐鸣声。

蚊子用极其灵敏的触角来感应声的震动。短角蚱蜢的"耳"在腹侧，是两片圆圆的膜片。蟋蟀和长角螽斯的"耳"则长在前腿上。在动物界，除了鸟类和昆虫这些杰出歌唱家外，其他动物也会歌唱。食蝗鼠用后肢站立，头向后仰，双目半闭，扯着嗓子尖叫，犹如高音歌唱家。白鲸的歌声动听，有海上金丝雀之称。座头鲸的鸣声像感人的哀歌，似在恳求人类挽救它们，使之不至于绝种。海豚在水中喊喊喳喳地嚷叫，以健谈著称。石首鱼等鱼类，也能在水中发声。

青蛙和蟾蜍的叫声，有鸟般的吱吱声、喊喀声、哇哇声，猪般的哼叫声，羊般的咩咩叫声多种。这些两栖动物吸入空气，振动声带，声音在喉部胀鼓鼓

的声囊中共鸣变得很响亮，因此雄蛙在池塘齐鸣，震耳欲聋。科学家最近发现，火蚁用一种奇妙的强效化学物质在食物所在和蚁巢之间留下记号，只有同类火蚁才会注意到，且效力极强，一茶匙分量就足够用于百万里长的距离。

蚂蚁等群居昆虫会分泌多种信息素，这是动物用来传递信息的化学物质。具有警报作用的信息素，一般在一分钟内消散；用来呼唤同类的信息素，有效时间较长。信息素常用来吸引异性。雄蛾分泌的信息素会随风飘散，播送到一里以外。一种雄性水蜥自尾部放出信息素，散播于周围的水中。

萤火虫是软翅的甲虫，尾部闪闪发光，从夏到初秋期间最多见，通常在黄昏开始发光，直至午夜为止。萤火虫发光是一种求偶信息，雄性发出的荧光比雌性的亮一倍；不同品种萤火虫的闪光频率也不同，因此许多萤火虫只对同种的闪光做出回应。

在美洲热带地区，有些叩头虫在夜间发光，其中一种头上有两点绿光，静止时会闪亮起来；飞行时腹部亮起一点红光。这种甲虫的幼虫，头部发亮，身体两侧还有一排发光点，十分有趣。科学家认为这种浑身发光的现象是警告信号，使天敌不敢接近。

藏羚羊怎样孕育下一代

1月中旬藏羚羊开始交配，藏羚羊的发情期有一个多月。11月中旬，这些高原骄子们开始谈情说爱。雄性的风采、气质、勇敢及阳刚程度，直接关系到能吸引多少雌性。多数情况下，一只雄性藏羚羊可以吸引6~7个雌性的情爱。魅力十足的雄性可以征服多达30多个雌性，少的也有1~2个，当然也有一个情人也没有的孤家寡人。

一旦两情相悦，交配群就形成了。此时的雄性藏羚羊是幸福的，但也是高度紧张和警惕的。因为没有得到交配权或者已经得到却还有贪得无厌的雄性藏羚羊要争夺"爱情"。而这种争夺是你死我活的决斗。

随着交配期临近，雄性藏羚羊们不吃不喝，前后奔走，仰天长啸，时刻骚扰身边的情人们。此时，一旦有个性刚强的雌藏羚出走，雄藏羚就会飞快地追杀过去，用又尖又长的犄角把雌藏羚羊顶回去，血气方刚的壮年雄性藏羚羊绝对不允许自己的情人被抢走或者背叛自己。

从12月中旬起，雌藏羚羊们也开始为情所困，不愿吃草。当雄藏羚羊追赶自己的时候，也不像当初那样拼命地奔逃，而是跑跑停停，半推半就。雌藏羚羊一旦进入发情期，就再也不跑了，而经常回头深情地张望自己心目中的白马王子，还不时翘起尾巴不停地摇晃。

此时，雄性藏羚羊高高昂起头颅，两只"V"字形的长角直指蓝天，两只前腿迈开正步，蹄子使劲儿地叩击地面。这一连串的动作完成以后，它开始静静地认真地靠近自己的情人。它那在地球第三极奔跑的有力的前腿，此时却出奇的温柔，一如男人温暖的大手，轻轻地轻轻地抚摸爱侣的腰际。如此2~3次后，雄性藏羚羊高高跃起，把大半个身子搭在了雌性藏羚羊的背上，由于高原高寒缺氧，环境恶劣，藏羚羊交配的时间只有短短5秒钟。

动物的盛装婚礼

动物的婚姻装，在淡水鱼类中表现得最为明显。例如鳓鱼、马口鱼、罗非鱼、刺鱼，在繁殖季节雄鱼皮肤颜色都变得艳丽多彩，像珍珠一般闪闪发亮。蛙鱼在银白色皮肤上，突然出现亮红色；虎鱼和麦穗鱼的皮肤则变成浓黑色，栖息海洋中的蝴蝶鱼，在原本华丽多姿的身体上，又增加几样浓艳，如同锦上添花。

鱼类之中有些种类在繁殖时期，除了身着婚姻装以外，还要佩戴"首饰"。例如鳊鱼、鲫鱼，在生殖期间雄鱼分别在吻部、鳃部或胸鳍上，生出一些突出物，宛如胸花、胸针一般新颖且别致。科学家称这些突出部分为"追星"。

鱼类所以会有这样奇怪的变化，是鱼类由于分泌激素而促成的。在繁殖时期，鱼类身体内部的性腺发展成熟，它分泌出来激素，激素促使鱼的身体表面出现"婚姻装"。鱼类学家曾做过实验，对雄鱼做一次小手术，把它的雄性性腺切掉，结果发现它就再也不会出现婚姻装了。

很显然，鱼类的婚姻装，是生殖期吸引异性的需要。因为美艳的"结婚礼服"会格外受到新娘的注目和喜爱。这种繁殖习性在鸟类中也是屡见不鲜的。

痴情的狐狸

"动物雄性与雌性之间的交配是混乱的！"人们通常这样认为。其实这种认识是片面的，不公正的。在兽类和鸟类中有许多种类，雄雌之间的性关系相当严肃，配偶关系固定，一旦结为夫妻则终生不渝。它们对爱情的坚贞，可以说是"非君莫宿"。令人讨厌的狡猾的狐狸，就是备受赞扬的模范夫妻。它们对爱情始终专一，坚守固定的对象，绝不见异思迁、喜新厌旧。尤其是红狐和北极狐，夫妻感情极深，雄狐为了妻子、儿女，舍命与入侵之敌厮打，宁肯负伤甚至牺牲也要保护家人安全。

雄狐对作为妻子的雌狐的忠贞感情，达到令人难以置信的程度。雄狐一旦有了配偶，是不肯再与其他雌狐交配的，除非妻子早亡，否则它是不会再娶的。饲养狐狸的人，总想用一只雄狐去与许多只雌狐交配，以求收到更多的经济效益。但是雄狐的"非君莫宿"的习性却打乱了人们的计划。假若雄狐与第一只雌狐同居太久，便不再与别的雌狐交配。为了叫雄狐与更多的雌狐交配生子，饲养人员采取分居法，让雌狐与雄狐同居 3 个小时，交配结束即将雌狐接出，别室独处。然后再送进第二、第三只雌狐……这个办法的关键是不让雄雌之间建立感情。

与雄狐相比，雌狐对忠贞就不那么重视了。在发情时期，它可以接纳几只公狐交配，目的当然是为了繁殖后代，保障种族的繁衍不衰。

北极熊的暴力爱情

北极熊的真实性格被它那憨态可掬的外表巧妙地掩藏起来。如果你不了解它，还以为它们是儒雅之士，就连走路的姿势，都是那么的婀娜多姿。而事实上，它们并没有因为北极的洁白宁静而改变了熊的习性，它们依旧残忍凶悍，包括对待热恋中的爱人也同样如此。

北极熊的爱情往往从每一年的早春（大约在三四月份）开始。这个时候，雄熊会更主动一些。它们一旦发现了心仪的目标，就会毫不犹豫地走过去，展开攻势。而不论对方是否同意，交配是必然的。身材柔弱的雌熊如果看不上求爱者也会奋力反抗，但结果也只能是在委屈中顺从。所以，如果你看见两头伤痕累累的北极熊在谈情说爱，也大可不必惊奇，这不过是又一桩家庭暴力罢了。

但若在求爱过程中，冒出另一头雄熊也想拔得头筹，那就要看它的本事了。如果通过直立身体，展示强健的肌肉或者龇牙咧嘴，低声吼叫都不能吓退对方的话，武斗就在所难免了。因为雌熊的数量实在是有些少了，如果不抓住一个来为自己传宗接代，那续香火的大事就又得推迟一年。

不过，好在北极熊的寿命有 25~30 年，而 4~5 岁的它们就算成年了，所以只要够强壮，机会还不算少。

袋鼠的童年怀旧

大袋鼠是驰名世界的名贵动物，它是澳大利亚的特产。雌性大袋鼠的肚皮上生有一个皮袋子，是专门用来哺育刚生下来的婴孩的。人们觉得这个皮袋子实在高明，比人类使用的摇篮、摇车更完美，所以为它起了一个名副其实的名字：大袋鼠。

大袋鼠独创的这个袋子，并没有什么奥秘，只是一个由皮褶构成的一个普通口袋，不过里面生着雌袋鼠的乳头。这个育儿袋对袋鼠繁衍子孙却是不可缺少的。因为袋鼠从出生到独立大约有七八个月的时间，都要隐居在母亲的育儿袋里。婴孩既可以随心所欲地吮吸母亲的奶汁，又可以受到母亲的爱抚和保护。尤其当受到敌害侵扰的时候，婴孩藏在袋里跟母亲一块奔逃，丝毫不必为安全担忧。

刚出生的幼袋鼠，只有菜豆那么大，没有眼睛，没有耳朵，根本不能独立生活。幼小的袋鼠一出母腹就准确地降落在母亲的尾巴上，如果发生误差，它就被淘汰了。然后它缓缓地爬进母亲的育儿袋，找到奶头。幼鼠的这种行为全凭灵敏的嗅觉。当然万一它从尾巴上滑掉下去，也就没命了。但这种情况极少发生，它总会达到目的地——这是祖先留给它们的专长。

幼袋鼠在母亲的育儿袋里，无忧无虑地住上七八个月，就能够跳出口袋在地上

蹦蹦跳跳、独立游荡了。不过这个时候，母亲开始翻脸，严厉的母亲拒绝子女再进入育儿袋。因为雌性大袋鼠又要生育了，下一步需要照顾新生的幼鼠了。

大袋鼠的育儿袋很少有空闲的时候，第一个孩子离去，第二个又钻进来。有时候即使断了奶的孩子，还要爬入育儿袋重温童年旧梦。所以大袋鼠妈妈偶尔会携带两个孩子在辽阔的大草原奔跑。

动物的杀婴行为

俗语说："虎毒不食子"。在人们的印象里，动物是不吃自己的后代的，实际上是这样吗？过去很多动物学家不敢回答这个问题，因为缺乏研究。后来，美国芝加哥大学有两位动物学家，到坦桑尼亚的原始森林研究野生动物。他们对狮子的行为做了详细考察，前后共计 19 次发现狮子扑杀自己生育的幼狮子。其中有 17 次是雄狮父亲将雌狮母亲一胎生出的未满 4 个月的幼狮子全部杀死。而几只稍大些的少年狮子竟然被雄狮撵出家门。怎样解释狮子的行为呢？

狮子"杀婴"杀后代是动物界仅有的例外现象吗？不是的。科学家在猿猴家族之中，也发现过这种"杀婴"的残暴现象。在印度的丛林，有许多猿猴家

族。每一个家庭由一头雄猴和数头雌猴组成。猴群中的婚姻是不平等的。雄猴是威严的家长，独断专横，它占有几头雌猴，可以随心所欲地与其中任何一头雌猴交配。那些身体软弱的雄猴，却极难找到配偶，只好打光棍，在森林中流浪。作为家长的雄猴，有时会杀掉几只亲生

的小猴。这真是有点骇人听闻。猿猴怎么也同狮子一样残忍？

对于雄猴为什么要杀死亲生骨肉的问题，科学家们长时间地进行了研究。1974年，一位名叫赫代的科学家在考察了猿猴家族之后，向人们公布了他对猿猴杀婴的研究结果。

雌猴通常每胎能生下四五只小猴，如果全部喂养，雌猴的奶汁是不够它们吃的。只有除掉几只体弱的小猴，剩下的小猴才能吃饱。其次，孩子多了母亲的负担重，减少几只小猴，雌猴负担会轻些，哺育幼子不影响与雄猴交配。这正是雌猴与雄猴都需要的。生物学家分析说，惨遭杀害的那些小猴，都是体格羸弱、精神迟钝的，而那些身体健壮、跑得快、动作机敏的幼猴总能保留下来。这是符合生物界"优胜劣败"的自然规律，对动物进化与种族发展显然是极有益处的。

任劳任怨的狨猴

狨猴的生活情形一向鲜为人知，因为它栖居在南美洲的森林，很少有人见到它们。所以关于狨猴的家事，只能听一听动物学家的介绍了。

居住在南美的狨猴，通常都有一个和睦、美满的家庭。它们是一夫一妻制。它们是男女平等的典范，结成小家庭的公狨猴和母狨猴，地位平等，绝不像其他兽类那样，雄性动物总是摆出一副至高无上的面孔。雄狨猴与此恰恰相反，在家庭中它自愿当一个保姆，而且是一个任劳任怨、埋头苦干的保姆。

狨猴一次生育两只幼猴，幼猴吃奶是母猴最重的负担。因为两个孩子吃奶，母狨猴的奶汁明显不足，最佳办法当然是增加母狨猴的营养。然而母狨猴有幼儿在旁不便离身，怎么去寻找食物？这时雄狨猴自告奋勇，把家庭的琐事全部承担过来，当上保姆，让妻子去采吃营养品。

雄狨猴是以踏实能干而著称的，它整天围着孩子转，有时抱着它们睡觉，有时托着它们爬树，有时还要设法帮助它们遮风避雨……雄狨猴把这一件件家务劳动安排得井井有条，无懈可击。母狨猴对丈夫的尽职尽责非常满意，它毫无牵挂地脱身去寻找食物，增加自己的营养，储备更多的奶汁供给孩子，它们各尽其职，毫无怨言。

作为狨猴母亲也是不轻快的。南美洲狨猴住在树上，吃在树上。狨猴妈妈在树枝间不停地攀来荡去，当然十分辛苦。为了填饱肚子，它几乎不能休息，每次喂奶时间也只能限制在 15 分钟以内，不等孩子吃足，它就推给丈夫，又去寻食了。丈夫接过孩子，抱在怀里，急急忙忙跟上狨猴妈妈，尽量不离它太远。这是为了狨猴妈妈喂奶时候可以有些时间、少跑些路。你瞧，这位丈夫想得多么周全！狨猴的习性在猴类动物中是不多见的。由于家庭和睦、生活稳定，所以一直延续至今。

多子多孙的褐鬣狗

横行于非洲阿拉哈里荒漠的褐鬣狗，是个出了名的凶猛野兽，它生性残忍，无恶不作。追捕弱不禁风的小动物，咬杀上百斤重的非洲羚羊，都是它常干的勾当。所以，在人们的心目中，褐鬣狗是一个凶残的强盗。然而，就是这恶魔在它的家族内部，却一改往日的凶残，成为爱护儿女的模范。

褐鬣狗生下儿女后，最担心的就是幼仔的安全问题。因此，褐鬣狗对子女居住洞穴的建造，考虑得十分周密。刚刚出生的小褐鬣狗住在较小的"产房"洞里。狗妈妈每天细心照顾，按时给孩子喂奶。小狗睡觉的时候，狗妈妈生怕孩子睡得不安稳，常常替小家伙翻身，改变睡姿，挪动地方。经过近半年的精心养育，小狗长大了一些，狗妈妈和它们搬离"产房"，搬入一间有奶妈照料的"托儿所"。奶妈最为平等、公正，对待孩子不分亲疏、远近，一律精心喂奶。小褐鬣狗就在这样一个安全舒适的环境中度过了美好的童年。

一年之后，小狗长大了，它们告别了托儿所的集体生活，自己搬入了"单身宿舍"——这是父母为它们准备的特别洞穴，过起了独身生活。虽然儿女长大了一些，可是母狗仍然要送食物给它们吃。褐鬣狗每天都要到野外捕获食物，当它们离家远行时，叮嘱幼仔藏入托儿所，不得外出。它们会留下一条精明强悍的母狗照料家族的孩子，孩子们十分听话，隐蔽洞穴内从不大声吼叫。一旦发现敌情，立刻藏入洞壁上的暗室，谁也休想找到它们。

褐鬣狗对子女充满了爱心，这正是它们能在荒凉的阿拉哈里繁衍生息的真正原因。

雄海马代妻生子

　　在热带和亚热带水域近岸地区的海洋中，栖息着一种奇特的小型鱼类，它具有马的面孔，龙的身躯，人们叫它"海马"，亦称"龙落子"。海马属于鱼纲海龙科，是一种古怪而有趣的鱼类。

　　海马不仅长相奇特，它的生育方式也很有趣。雄性海马代替雌性海马担负起了怀孕及生育的职责。雄性海马的尾部下方有一个由两层褶皮连接形成的袋子，叫孵卵袋，到了生殖季节，许多雄海马互相靠近，继而分开，开始了旋转木马般的游动。这种行为是相互刺激而进行的，这样的表演要进行很长一段时间。当它们浮出水面时，孵卵袋由于摇摆的作用而胀起。如果雄性海马脑袋后扬，尾巴低垂并在水底游动，这表明雄性要开始交尾。雄性尾部向前弯曲，使孵化袋收紧，排出袋内的水。然后让水再次注满，这种过程会逐渐激烈而频繁。雌雄海马交配之前也要表演一番，它们做着旋转木马般的游戏，身体相互触碰，由水下至水上，再由水上至水下。这样的舞蹈要持续几个小时。交配时雌性海马把生殖乳头插入孵化袋中，10分钟后，当数百枚橘红色的卵塞满孵化袋，雄性海马便会沉入水底，找块安静的水域照顾它的后代。受精卵经过3周的发育，孵化出小海马，当小海马出生时，它们的爸爸用弯起的尾部缠住水草，身体前后摆动，孵化袋慢慢张开，依靠肌肉的收缩，把小海马一只只地挤出来。每批一般1～20只。此时的小海马便要远离父母的保护，在海洋中独立生存了。小海马经过3个月的时间便可以长成成熟个体。

动物的繁殖也有节制

    瑞典的一位动物学家经过长年考察后发现，该国南部生活着数量众多的野兔和以野兔为食的红狐。一旦某段时间里野兔的数量明显减少时，红狐们并不"背井离乡、远走高飞"，也不是坐以待毙，而是采取积极的节育措施来减少本族的数量。它们减少参与交配的次数，比正常年景少了一半。那些无缘享受"蜜月"的红狐很顾全大局，自觉地散居在带有后代的狐穴旁边，并不争风吃醋。红狐就是用这种减少繁殖的办法来保存自己的。

    蜣螂俗称屎壳郎，全世界共有 14 500 多种，它们大多实行"计划生育"。在产卵之前，蜣螂就为后代的"口粮"忙碌起来。它们挖好一个直径约5厘米、深 10～20 厘米的地道，地道顶端是宽敞的"贮藏室"。蜣螂们在"贮藏室"里堆满粪球，然后，雌蜣螂开始产卵，它先将大粪球搓成 6～7 个小粪球，再在每个小粪球上产 2～3 粒卵，雌蜣螂产满 20 粒卵就停止了。对于蜣螂的这种习性，人们感到很奇怪，雌蜣螂卵巢内明明不止 20 粒卵，为什么不多产几粒呢？后来才弄明白，搬运粪球很吃力，小蜣螂又很能吃，为确保每个后代都能茁壮成长，蜣螂不得不用限制产卵的办法来"计划生育"。

    栖息在埃及尼罗河两岸的非洲大象，它们非常能面对现实，根据实际情况来决定繁殖的数量。科学家发现，

在尼罗河的一侧林木繁茂，野草遍地，生活在这里的大象用不着担心找不到吃的，这里的母象按正常的繁殖周期，每隔4年生育一胎；而在尼罗河的另一侧，沙石遍地，气候恶劣，植物稀少。对在这里生活的大象来说，食物短缺是经常困扰它们的一个大问题，除了减少生育，没有别的良策，它们与河对岸的大象虽是同一种类，但它们要隔9年才生育一胎，以降低"象口"密度来保持食物的供需平衡。

非洲羚羊也懂得"计划生育"，其方法令人叫绝。有的母羚羊因一时疏忽，怀胎过早，分娩时将是寒冬腊月，对小羚羊的成长极为不利。母羚羊为了不使小宝宝一生出来就面临饥寒交迫的困境，它们竟能忍受艰苦的"负重"，把即将分娩的胎儿留在腹内，推迟分娩时间。待到来年春暖花开时，再让小羚羊降生到这美好的世界。这种奇特的"晚生"本领在动物界是罕见的。

动物如何优生优育

在大自然中，各种动物之间的生存竞争相当激烈。生物学家发现，一些动物为了更好地生存，也能采用优生、优育的办法来适应环境，有些方法简直令人惊讶。和人类一样，有些动物在选择交配对象时能避开有血缘关系的近亲，从而避免了因近亲繁殖而引起的退化等现象。

那么动物是怎样识别它们血缘关系的呢？科学家发现，动物主要是根据体味、声音等，靠嗅觉、听觉和视觉来辨亲的。英国伦敦医学研究所的布鲁斯博士早就发现，雄鼠尿里有一种特殊的气味，雌鼠一闻到它就能辨别这雄鼠是否为近亲。假如嗅出雄鼠是近亲，雌鼠就不会在雄鼠面前发情，它甚至停止排卵，这样就避免了近亲交配、繁殖。

与人类的进化有近亲关系的灵长类属于高度社会性的动物。它们群居在一起，但本群内不婚配。日本科学家对日本的一些猴群进行长期跟踪，发现几乎所有的雄猴到了性成熟时，都要从群体中离开，到别的猴群寻找配偶，成为人家的"招女婿"；而雌猴一直留在群内，直到老死。

海洋中的虎鲸却与此不同，雄虎鲸终生不离开自己的家族。但在本家族内，雌雄兽不交配，只有在两群虎鲸相遇时，雌雄虎鲸之间才会交配。

生长在内蒙古北部草原的野盘羊，体躯健壮，个性凶猛。这种野盘羊本能地忌讳"近亲交配"，即使在找不到同类异性的情况下，它们也不会马虎行事。雄性野盘羊如找不到合适的雌野盘羊，就混入家羊群中当"上门女婿"。这样产下的小羊具有家羊和野羊的双重优势。

动物通过这种"开放性"的社会，进行群体之间的交流，这就避免了因近亲婚配在遗传上给后代带来的种种危害。

驼鹿是世界上最大的鹿，每年8—9月是驼鹿的交配期，公驼鹿开始寻觅和追逐母驼鹿。为争夺母驼鹿，公驼鹿间要展开激烈的决斗。母驼鹿选择获胜者结缘交配，这样能保证生下健康的后代。

生息在中国新疆、甘肃荒漠地带的野骆驼，实行"一夫多妻"制。每到冬季婚配季节，一群中只择留一头最强健的雄骆驼为"新郎"。为了选"新郎"，驼群内的雄驼要展开一场你死我活的恶斗和厮杀。最后胜者得婚，独占整群"新娘"。经过这样去弱留强的优选法成立的家庭、生下的后代，无疑是比较强壮的，有利于传宗接代。

海狗聪明且理智，它们雌雄交配都选择在秋天进行，并将产仔控制在翌年开春。因为海狗们懂得，经过一个夏天大量的捕食活动，到秋天时海狗们都身强力壮，这时交配再理想不过了，有利于胎儿的生长发育。

母熊在夏天交配受精，经过一夏一秋捕食，在体内贮存足够的越冬能量，直到初冬，受精卵才开始发育，使胎儿能得到充足的营养，第二年春才产下一只健壮的小熊。

动物界的"好爸爸"

蟾和鱼的好爸爸

在欧洲瑞士、比利时等国有一种助产蟾，它们的繁殖方式在蟾类中是独辟蹊径的。到了繁殖季节，雌雄蟾一起从河中登上陆地，雄蟾始终紧随雌蟾，不时发出高声鸣叫，激发和引诱雌蟾产卵。当雌蟾产卵时，雄蟾就伏在它背上，充当接生员，把产出的胶质卵粘在自己的腿上。雌蟾产完卵不辞而别，由雄蟾去孵化。雄蟾把长长的卵带缠绕在自己后腿上，爬到阴暗的地洞中。只有到夜间，才到河中洗个澡，顺便把卵浸在水中湿润一下。经过 3~4 个星期的发育，小蝌蚪即

将出生，雄蟾到水中浸水时，把卵散放在水中。不用多久，小蝌蚪就出世了，雄蟾这才放心离去。

雄鲑鱼对儿女的照料可谓是呕心沥血。鲑鱼在河里出生，海里长大，最后又回到江河里产卵。雌鲑鱼一生只产一次卵，每次产下几千颗红色透明的卵，雄鲑鱼就在旁边射出水雾样的精液。然后，拨动沙子和砾石，把鱼卵遮盖起来。雌鱼在产完卵后即无情离去，洄游到大海中。守护鱼卵的艰巨任务就落到了雄鲑鱼身上。它日夜守卫，废寝忘食，没有丝毫的懈怠。如有其他动物靠近，它会拼命地咬。3个月过去了，小鲑鱼孵了出来，此时雄鲑鱼也弄得精疲力竭，只剩下几根枯骨了，有的就此死去，有的成了大鱼、水獭的腹中之物，没有一条雄鲑鱼再能回到大海去。

雄刺鱼是鱼类中的慈父。每年春天是刺鱼的产卵季节，雄刺鱼用植物的根茎在浅水处筑好一个窝，在引诱雌鱼到窝里产卵后，就小心翼翼守护在窝旁，任何雄鱼和雌鱼前来，都会立即被驱逐出境。平时，雄刺鱼用它的鱼鳍频频扇动，以向窝内的卵提供平稳循环的富氧水流。待卵孵化成小鱼了，雄刺鱼就把窝的上部拆掉，方便小鱼出入。如果小鱼游得太远，雄刺鱼还会把它们衔入口中，送回窝里。小刺鱼长大了，雄刺鱼才让它们出去闯荡世界。

鸟类的好爸爸

雄营冢鸟对子女的关心是无微不至的。每年4月，雄鸟就开始大兴土木，它用大爪子不断在地面上挖掘，挖出一个深1米、直径为4.5米的大坑，然后收集大量的干树叶、干草等放进坑里，上面盖土，一直堆到几米高。几个月后，雌鸟跑来产卵了。这时，在阳光和雨水的作用下，坑中的树叶、干草已腐烂发酵了。雌鸟在腐烂的树叶中间掘一个洞，在里面产卵。雄鸟总是把蛋尖头朝下竖在烂叶中，利用树叶腐化的热量孵卵。坑中温度必须控制在33～34℃，雄鸟每天要做检查。它把脑袋和上半身伸进洞中，就能测出温度的变化。如果温度太高，就扒开一些覆盖在上面的泥土，让里面的热量散发掉一些；如果温度太低，就多堆一些泥土。有时白天扒开泥土，晚上盖上泥土，真是忙得不可开交。经

过7星期孵化，小鸟终于出壳，雄鸟的使命才告结束。

雄秃鹫也是"好爸爸"。雌秃鹫在每年3月初产卵，每次产1～2枚，雌雄鸟轮流孵化。小鸟出壳后生长缓慢，要3个月才能长满羽毛。在此期间，雌鸟是不出巢的，一家的食物，全靠雄鸟张罗猎取。秃鹫的胃口很大，单是一只小鸟，每天就要吃很多肉。雄鸟每天辛辛苦苦四处寻觅，一回到巢边，便立刻张开大嘴，把吞下的食物全部吐出，先给雌鸟吃较大的肉块，然后再耐心地给幼鸟喂腐碎肉浆。雄鸟带回来的食物常常给妻儿吃光，自己只好饿着肚子，再出去捕猎，一直到太阳落山还在空中盘旋，寻找猎食的目标。

非洲的沙鸡生活在沙漠地带，水对它们是个严重问题。小沙鸡的饮水问题全靠沙鸡爸爸解决。刚孵出的小沙鸡还不会飞，只得留在巢中，沙鸡爸爸就飞出去为它们取水。黄昏时分，天气已不太热了，雄沙鸡们出发去远至30千米外的地方取水。移到水边，雄沙鸡就将身子浸入水中，15分钟后，带着饱浸水分的身子飞回巢穴。巢中的小沙鸡早已翘首以待了，迫不及待地把喙插入爸爸的胸部和腹部，美滋滋地吮吸羽毛上的水滴。雄沙鸡的羽毛有特殊的高吸水作用，据研究，鸽子般大小的沙鸡，其羽毛能吸入一小杯水。这是沙鸡对环境的一种适应。

兽类的好爸爸

在所有哺乳类家庭中，就对家庭的贡献来说，雄狼也许是首屈一指的。雌狼生下狼崽以后，雄狼也在洞穴中陪伴妻儿，只有捕猎时才离开洞穴。为使雌狼恢复健康，雄狼为它猎取食物。当小狼断奶之后，雄狼要给它们喂食。捕到猎物后，雄狼常常先把猎物身上的肉咽下，回洞后吐出来喂给小狼吃。在雄狼的精心照料下，小狼苗壮成长起来。

动物世界的"母爱"

兽类母子情深

河马长相令人生畏，但母河马对子女很温和，在育仔期间专心致志，时刻守卫在幼仔身边。母河马经常把小河马驮在背上或脖子上，这样小河马既感到安全，又十分惬意。休息时，母河马让小河马躺在自己嘴边，如有蚊子叮咬，母河马用大嘴向小河马身上浇洒河水，把蚊子赶走。当要上岸活动时，小河马摔倒了，母河马用嘴把它推扶上岸。在路上如遇汽车，母河马会以身护卫孩子，

甚至向汽车发起袭击。万一有谁胆敢侵犯小河马，母河马会变得十分凶狠，张开血盆大口，把对方吓得落荒而逃。

大熊猫爱独来独往，平时不做窝，等快要做妈妈的时候，母熊猫才找一个树洞或岩穴来做产房。刚生下来的小仔小得可怜，如老鼠般大小，只有 150 克。当母熊猫外出时，不会把小熊猫留在洞内，它或是叼在口中，或是用前肢抱着。

小熊猫长到半岁才能自己走路，这时熊猫妈妈就要教它学习本领了。母熊猫把小仔抱上大树，放在树杈上自己在树上爬上爬下，一遍又一遍地示范，不厌其烦，千方百计地让仔兽早日学会爬树的本领。

母熊猫常常带孩子到河边去，一边饮水，一边给它洗澡，还要教会它游泳的本领。回到竹林里，母熊猫总是掰又甜又嫩的箭竹给小仔吃。

大熊猫的性情十分温和，从不主动伤害人畜。但是，假若有谁胆敢招惹它的孩子，母熊猫也不客气。母子形影不离，又随时进行生活上的示范，直到小熊猫两岁后，母熊猫才让它独立生活。

母海象被认为是哺乳动物中最关心自己子女的母亲。母海象每胎产一仔，产下小海象之后，寸步不离地守护着。小海象在不吃奶的时候，就在母亲旁边玩耍；玩够了，就睡在母海象的背上，这里是最安全的地方。当带仔的母海象在冰上遇见渔民，就立即把仔兽抛入海中，自己也窜入水里，用前肢抱住仔象，潜向深处。有一次，一群海象在冰上休息，捕猎者开枪打死了两头小海象。当第一次枪响后，成年海象全都抬起头来，向四周环视；第二次枪响后，整个海象群都立起来向大海冲去。但两头母海象不愿离开已经死去的仔兽。其中一头母海象把仔兽嗅了一遍，然后用鼻子轻轻推推仔兽，它不明白发生了什么事。当它看见小海象头部流血时，竟像人一样哭了起来。它把仔兽推向大海，自己也扑向大海，拼命地向捕猎者乘坐的小艇游去。它要用獠牙刺进船帮，弄翻小艇为仔象报仇。捕猎者慌忙开枪，这位母亲也丧了命。如果仔象的母亲被杀死，而小海象侥幸存活，它们会被年轻的母海象收为"义子"或"义女"，母海象会像亲生母亲一样保护它们。

雌鸟呕心沥血育子女

黄腹角雉在树上筑巢，巢的结构非常简陋。雌鸟每窝产卵2~4枚，卵比鸡蛋大一些。雌鸟单独承担孵卵和带领雏鸟的任务，担子实在不轻。孵卵季节经常是细雨绵绵的天气，雌鸟得整天伏在巢内给卵加温，常常是连续一两天不离巢，它微微张开双翅，用身体遮挡雨水，以保持巢内的温度。即使是好天气，雌鸟一昼夜也只离巢一次，出去觅食，最多不超过2小时。

经过28天辛勤的孵育，雏鸟终于出壳。它们一会儿从母鸟的肚皮下探探头，一会儿爬到母鸟背上，片刻之后，又赶快钻到母鸟肚皮下暖身体，因为这时它们还没有保持体温恒定的能力。这个时候，母鸟几乎到了"如醉如痴"的地步，整天紧闭双眼，片刻也不离巢。直到3天之后，才带雏鸟下地觅食。这种母爱实在令人感动。

秋沙鸭也是单亲制动物，雌雄鸭交配之后，就分手了。小鸭完全由雌鸭抚养。5月初，雌鸭忙于筑巢，把巢筑在很隐蔽的河岸边的树根底下，不易被发现。在长达1个月的孵化期间，雌鸭每天只去抓一次鱼填肚，其余时间都用来孵卵。如有别的动物靠近鸭巢，它就伸长脖子以示威慑。

到5月底，小鸭出壳，它们可在巢内待24小时。就在这一天里，它们开始模仿母亲的动作，它们得很快学会自己捕食。出壳的第二天，小鸭就要离巢。母鸭身先士卒飞到河里，然后呼唤小鸭下水。小鸭有点胆怯，但它们还是鼓足

勇气下来了。有时，它们跳下来后过一两秒钟才能恢复清醒。小鸭总是紧随母鸭身后，亦步亦趋，与母鸭寸步不离。母鸭以身作则，不断示范，在水里来回游动，不时潜入水中抓鱼觅食。小鸭都学着妈妈的样子做。就这样，秋沙鸭一代一代地繁衍了下来。

蜂鸟是世界上最小的鸟，它们的生殖季节是在1—6月。雌鸟单独担负孵育雏鸟的重任，而不要雄鸟的帮助。当小鸟孵化出来后，母鸟就更繁忙了，它得为儿女准备昆虫、花蜜等食物。由于鸟巢太小，不能在巢中喂食，所以母鸟只能在飞行中给小鸟喂食。这种精致的工作要求蜂鸟在这有限的空间内保持绝对平衡，因为一旦飞行不稳，就会伤害雏鸟。好在蜂鸟有像直升机那样悬停在空中的本领，只要小心从事，绝不会出差错。幼鸟的成长需要丰富的蛋白质，它们每天所吃的食物超过自己体重的1.5倍。母鸟要不停地去捕捉昆虫、采集花蜜喂它们，很少能停下来喘喘气。

雌章鱼是好妈妈

在海生动物中，雌章鱼（章鱼不是鱼，是一种软体动物）是位尽职的妈妈。它知道自己要产卵了，就游到一个隐蔽的缝隙或一个岩洞，用海藻等植物，巧妙地编织成一条条长约15厘米的细绳，细绳附着在岩石上。然后雌章鱼开始在细绳上产卵，产卵期将持续两个星期。一条雌章鱼可产33万粒左右的卵。受精卵经过4～6个星期的孵化期，孵成小章鱼。从编绳这一天起，雌章鱼便不进

食，它用全副身心一刻也不懈怠地守护着未来的子女，以抵御外来侵袭。它的警惕性很高，且极为严格，绝不允许别的动物靠近它的窝。有时雄章鱼误入窝边，雌章鱼也会毫不留情地把它咬死。同时，它又不时地用腕足去梳理细绳，以保证卵有足够的氧气。腕足上的吸盘像一只只小吸尘器，雌章鱼用它吸掉卵上的脏物，保持卵的清洁，可防止寄生虫附着。整整两个月，雌章鱼看着自己的子女一个个孵化出来，觉得自己已完成使命，便溘然离世。

雌鱼含辛茹苦为后代

尼罗河中的淡水鲈，雌鱼产下数百粒卵之后，小心翼翼将卵一粒粒分离开来，然后衔入口中孵化。小鱼的孵化需要两个星期，在这段时间里，雌鲈鱼不吃不喝，光张着嘴艰难地喘气。饥饿使它们的腹部绷紧，肋骨内陷，脑袋越发显得肿大。

刚孵出的小鱼只有 2 毫米大，最初住在母亲口中。不久，雌鱼上下游动，侧着脑袋在河底磨蹭"肿起"的头部，以促使小鱼游出，到外面独立生活。一旦小鱼真的游出母亲的大嘴时，雌鱼又会追上去，重新将其吞入口中。直到雌鱼追不上它们时，雌鱼才放心让它们自己去谋生。每当危险来临时，雌鱼又会以与水面呈10°～20°的夹角低头的姿势向小鱼发出警报，小鱼迅速排成葡萄似的一串，蜂拥进入母亲的口中，雌鱼带着儿女迅速脱离险境。

非洲鲫鱼妈妈对自己的子女非常钟爱，堪称爱子模范。鱼类为了延续种族，一般繁殖力都很强。例如一尾十几千克的鱼，大约能产 200 万粒卵。但多数鱼

妈妈在产卵以后，对它们幼小的后代能否长大成鱼，都不去关心了。鱼卵在天然的水域中，常常遭到敌害的吞食和风浪的袭击，卵孵化率和幼鱼的成活率都很低。而非洲鲫鱼妈妈却与众不同，它们对自己的子女体现出少有的母爱。它们的口腔特别发达，在繁殖期间常把受精卵含在口中，让卵在口腔中孵化，这样既安全，又因呼吸时水流不断从口腔经过，保证了充足的氧气。当仔鱼孵化出来后，雌鲫鱼仍将仔鱼留在口腔里，直到仔鱼能游动时，才肯吐出来。但仍把仔鱼带在身边，一遇敌害，就张嘴一吸，把仔鱼迅速衔入口中。真可谓精心护理，关怀备至。

"食子"的老虎

作为百兽之王的老虎，一向受到人们的深切关注，人们对老虎一向是又敬又怕。在古时人们编出许多英雄打虎的故事来安慰自己，在提倡保护动物的今天，人们不再说"打虎"了；在古时人们还常说"虎毒不食子"，在科学日益发达的今天，人们的观念也要变了，恐怕这句话要改成：虎不毒却食子。

老虎一般独居在自己的领地里，这一领地方圆百里左右。独居的老虎彼此间的交往要靠吼叫来进行，自己领地的界限靠气味来划分。老虎的分泌物气味呛人，嗅觉不太灵敏的老虎只好一遍遍加强警戒。一般而言，老虎的强烈气息可以维持3周，而这些也会被毗邻而居的异性老虎察觉出来。

为了后代，在求偶季节两只老虎才会走到一起。一旦交配结束，雌雄二虎便会各奔东西。已经怀孕了的母虎生活依旧孤独，但对虎而言，孤独不是痛苦而是享受。经历了4个月的孕期之后，新生命的孕育给母虎带来了另一种可以盼望的喜悦。

母虎一胎产仔多时可有5～6只。这么多儿女对孤单的母虎来说是一种负担。它踌躇了半晌，选出了其中体弱的 4 只小虎，并一一将它们吃掉。吃掉了自己孩子的母虎并不为此感到痛心疾首，虎妈妈相当实际，它只有这么做，体格较强的少量幼老虎才能存活下来。免疫力最强的小老虎往往被虎妈妈保留下来——自然界的生存法则就是如此。

此后两年，经筛选而幸存下来的孩子会在虎妈妈的带领下体味生活的艰辛。它会教孩子学会日后生存下去的必备技能——潜伏、追击、扑咬、搏杀。

正是在"食子"的虎妈妈的带领和教育下，老虎才会生存下来，而且"一代更比一代强。"

蚂蚁的土葬埋尸

一只蚂蚁死在窝里，几只同窝的蚂蚁把它拖出窝外，走了一段路，它们把尸体放在地上，然后把尸体埋起来。蚂蚁为什么千千万万代遗留下来这种"土葬"方式一直是个谜。

蚂蚁过着群居生活，它们个体之间怎样互相说话、互相联系呢？原来它们是用嗅觉说话的。

蚂蚁头上有两种触角，这就是它们的"鼻子"，能分辨各种不同的气味。

当一只蚂蚁碰到一块食物，就会拖运回窝里，如果这块食物过重，它会回巢报信，回巢后用触角碰碰巢里的蚂蚁的触角，告诉它外边有食物。这时一群蚂蚁会跟随报信的蚂蚁出洞，像一队士兵一样，排成纵队，一直走到食物的周围。原来报信的蚂蚁在回窝的路上从肛门里排出一种外激素，边走边排放，这种外激素起了"路标"的作用，因此从窝里出来的蚂蚁闻到外激素的气味就顺着"路标"找到食物。大家一起搬运食物返回窝里去，蚂蚁的这种外激素能起到路标的作用，传递信息，科学家就把它叫做"示踪信息素"。

蚂蚁靠嗅觉来说话，有时也会发生误会。一只蚂蚁死在窝内，发出难闻的臭味，这种尸臭味会使蚂蚁再闻不到其他嗅觉信息，因此同伴们一闻到尸臭就要把尸体抬出窝外埋葬掉。如果一只活蚂蚁身上沾染了浓厚的尸臭，同伴们也会把它拖出去活埋，因为蚂蚁只能辨别香臭而不辨死活。

为了孩子忍饥挨饿的企鹅爸爸

每年冬天，在一片冰川、荒凉孤寂的南极洲上，生存着一群不畏寒冷的族类。因为它身体肥胖，它的原名是肥胖的鸟。但是因为它们经常在岸边伸立远眺，好像在企望着什么，因此人们便把这种肥胖的鸟叫作企鹅。

人们最初看到企鹅的时候，将它称为"有羽毛的鱼"。企鹅本身有其独特的结构：企鹅羽毛密度是同一体型鸟类的3~4倍，羽毛的作用是调节体温。虽然企鹅双脚基本上与其他飞行鸟类差不多，但它们的骨骼坚硬，并且比较短及平。这种特征配合犹如船桨的短翼，使企鹅可以在水底"飞行"。

和鸵鸟一样，企鹅是一群不会飞的鸟类。虽然现在的企鹅不能飞，但根据化石显示的资料，最早的企鹅是能够飞的哦！直到 65 万年前，它们的翅膀慢慢演化成能够下水游泳的鳍肢，成为目前我们所看到的企鹅。

南极洲是一个终年寒冷的地方，它每年 3 月便开始进入寒冬，并将持续 9 个月的时间。于是每年的 3 月，成千上万的企鹅离开它们的海洋家园，以轻巧的动作跃上岸，一开始以圆滚滚的肚皮在地面滑行数十米，最终用蹒跚的双脚在冰面上行走。为了寻找一个安全的环境，以便繁衍后代、延续种族生存，企鹅们不得不放弃海里的悠然生活，冒着昏天黑地的冰风暴，跟跟跄跄、如婴儿学步一般地开始一段漫长而艰辛的旅程。

由天性和南十字星座的引导，它们准确无误地向着自己的出生地前进。伴随着一系列难以理解的舞蹈和嘶鸣——一种令人入迷的不和谐音调，企鹅们开始了求爱仪式，很快它们就会形成一对一对的"夫妇"。

在严酷的冰雪风暴侵袭下，企鹅们举步维艰地迈着步伐，在广阔的冰面迷宫上产蛋。在它们的周围，白茫茫一片，四处都是浮冰，但勇敢的企鹅们从不屈服，在如此恶劣的困境下傲然生存。

白天越来越短，气候也越来越恶劣。雌性企鹅生蛋之后，筋疲力尽的它还不能休息，必须要立即启程继续赶路，返回大海以恢复体力并寻找食物。旅途并不是一帆风顺的，贪婪的海豹无时无刻不在对它们虎视眈眈，于是企鹅爸爸就会留下来保护那些珍贵的企鹅蛋，它们将蛋孵在自己的脚掌上面以保持温暖。

企鹅爸爸在经过不吃不喝的两个月的坚守之后，蛋终于要孵出来了。当企鹅宝宝们迫不及待地想见到这个全新的白色世界时，爸爸储存的食物却不能支持太久。如果企鹅妈妈不能尽快地将海里的食物带过来的话，幼小的宝宝们就可能会夭折。

当企鹅妈妈回来之后，父母的角色就转换了，母亲就将接替饥饿、虚弱的爸爸来照顾宝宝，而宝宝也要面对巨大的海燕的威胁。气候一天天变暖，浮冰也渐渐融化，企鹅们也一次次地继续它们的旅程，在地球最险峻的地方徘徊，直到企鹅宝宝第一次尝试潜入深深的海水中……研究发现，这几乎是企鹅共有的习性。

伤心流泪的龟

有一种生活在海洋里的龟，它的个子大大的，头和四肢也都很大，以至于没法像其他的龟那样缩到壳里去。这种龟叫作蠵龟。

每当蠵龟被渔民捕获的时候，就会"吧嗒吧嗒"地流眼泪，看上去可伤心了。难道它真的是因为伤心而落泪吗？

实际上，蠵龟之所以会一直不停地落泪，是要排出身体内的盐分。因为蠵龟的肾脏不发达，得靠盐腺体排出身体里多余的盐分，而盐腺体长在眼眶下，所以蠵龟即使在海中也是不停地流泪的！

交配季节，蠵龟妈妈要回到它们出生的海岸产卵。它们产卵前会小心地观察地形，然后才上岸。蠵龟妈妈只要开始产卵，就不会停下来，哪怕身边有天大的危险，也不去理会。

刚孵化出来的小蠵龟，比手掌还要小，背部是黑色，腹部以及鳍缘为白色。孵化出来的龟宝宝会用鼻前一个小而坚硬的小点啄破蛋皮而出——这个器官在小龟脱壳后就会自动消失。同一窝的海龟会在同一时间内孵化出来，脱壳而出的龟宝宝，会借着从顶上落入空蛋皮的沙作为阶梯而奋力往上爬。约需7天的时间它们才能爬出卵窝，由于避敌的天性所使，小龟通常于夜晚沙滩温度较低时，才会爬出地面。因为向光性，龟宝宝快速地爬向较为明亮的大海。在到达海边后，它会寻着海浪的声音，冲进浪花中，使尽全身的力量，向外游出，以减少天敌的捕食机会。然而，沙滩旁的路灯，也会吸引这些刚离开卵窝的小龟，误导其方向，使其以为路灯就是海洋，而找不到回家的路。

小龟的天敌很多，在陆地上有各种沙滩上活动的动物，如沙蟹、家畜、海鸟及人类，在海中又有各种肉食性的鱼种。由于没有防御能力，龟壳又软，所以小蠵龟的死亡率甚高。人们之后研究发现，平均一千只小龟中，只有一只可以长大为成龟。

忠贞不渝的蝴蝶鱼

这是一种生活在热带海洋中珊瑚礁里的鱼类，它们体色鲜艳，像披了件漂亮的外衣。就像生活在陆地上的蝴蝶一样，有着缤纷的色彩和美丽的图案。这就是蝴蝶鱼。

蝴蝶鱼对水温的要求很高，俗称热带鱼，是近海暖水性小型珊瑚礁鱼类，最大的超过 30 厘米，如细纹蝴蝶鱼。

身体侧扁的蝴蝶鱼是适宜在珊瑚丛中来回穿梭的，它们能迅速而敏捷地消逝在珊瑚枝或岩石缝隙里。它们也会利用自己吻长口小的长处伸进珊瑚洞穴里去捕捉对于它们来说的美食——无脊椎动物。

蝴蝶鱼生活在五光十色的珊瑚礁礁盘中，具有一系列适应环境的本领。它艳丽的体色可随周围环境的改变而改变。体色的改变主要在于体表有大量色素细胞，在神经系统的控制下展开或收缩，从而呈现出不同的色彩。通常一尾蝴蝶鱼改变一次体色所需的时间只有几分钟。尤其当它们遇到紧急的情况时，

变色仅需几秒钟。

许多蝴蝶鱼都有着非常巧妙的伪装本领，它们常把自己真正的眼睛藏在穿过头部的黑色条纹之中，许多蝴蝶鱼的尾柄部有一个醒目的黑色"伪眼"。"伪眼"常使捕食者误认为是其头部而受到迷惑。当敌害向"伪眼"袭击时，蝴蝶鱼便剑鳍疾摆，逃之夭夭。

经过观察发现，蝴蝶鱼是一夫一妻制，对爱情忠贞专一，大部分都成双入对，好似陆生鸳鸯，它们成双成对在珊瑚礁中游弋、戏耍。当一尾进行摄食时，另一尾就在其周围警戒，总是形影不离。

动物界最懒的丈夫

在海洋的深处，是感觉不到昼夜变化的，因为阳光不能透过深深的海水照到这儿，所以这里始终是"黑夜"笼罩。处在这深海之中，就像是置身在墨水中一样。

然而，黑暗的深海世界并不是生命的禁区，仍然有不少动物在这里生存，这里同样存在着生存竞争。

在海底深处，一些微弱的光亮若隐若现。这黑漆漆的深海世界中，怎么会有星星点点的微弱亮点呢？有的亮点基本固定不动，有的亮点在做小幅度的摇晃，有的亮点则四处游动。原来这是一些海洋鱼类发出的光线。可它们为什么要发光呢？原来，有的鱼发光是在向同伴打"信号灯"，以便于确定彼此的位置；有的鱼发光，则是利用一些鱼虾的趋光性，实行诱捕。

这是一条有点怪模怪样的鱼。一张嘴大大的，那背上的鳍更是与众不同：一般的鱼背鳍是连在一起的，可它的背鳍前面的几根鳍条却是彼此分开的，特别是最前面的一根，又细又长，一直伸到大嘴边，真像一根"鱼竿"。更让人感到新鲜的是那"鱼竿"的末端，放出淡黄色的荧光，一闪一闪的，极像一只小小的"灯笼"。这就是鮟鱇鱼，也叫"灯笼鱼"。

这鱼笨"手"笨"脚"的，根本抓不到那些游动迅速的鱼虾。不过，"笨"鱼自有笨办法，看看它的"高招"。这条鮟鱇鱼把自己埋进了海底的沙子中，只留带"灯笼"的"鱼竿"露在外面，还不断地摇晃着。几条小鱼小虾见到那晃动的小亮点，以为是什么好吃的东西，纷纷游拢过来。一条鱼为了抢先，不顾一切冲上去要吃掉那小亮点。时机到了，鮟鱇鱼忽然张开大嘴，一股水流直往它嘴中涌，那"鱼竿"也被它猛然吸进了嘴中。小鱼身不由己，就这样被吃掉了。这次"垂钓"结束后，鮟鱇鱼又将身子埋进沙子里，重新开始等新的猎物来上"钩"。

鮟鱇鱼还能自己"关灯"。当遇到不喜欢吃的食物，或遇上敌害，它就把"钓竿"一收，把探照灯含在大嘴里，周围顿时便漆黑一片了。

鮟鱇鱼是欺软怕硬的，当它遇到一些凶猛的鱼类时，就不敢和它们正面交锋了。它会迅速地把自己发光的"钓竿"塞回嘴里，趁着黑暗转身就逃。

雄性鮟鱇鱼是海洋动物里最懒惰的丈夫。它一旦找到合适的对象，就此"许配终身"——将牙齿深深地扎入"妻子"的身体，并依附在"妻子"身上，终身随着雌鱼一起漂泊、生息。它依靠直接吸取"妻子"的体液维持自己的生命，成为"好吃懒做"的丈夫。科学家发现，这种奇异的婚配，在生物中或许是绝无仅有的。

知恩图报的少女鱼

少女鱼又叫二带双锯鱼，是一种小型的热带珊瑚鱼，它的颜色明亮鲜艳，中间还有两条白色的缎带点缀，十分漂亮，就像一个花枝招展的少女，因此得

67

名"少女鱼"。

美丽的少女鱼是海底世界的弱者，它身体呈柱状，没有骨骼。身长大约两尺，身体的一端附着在海中的岩石或其他物体上，称为基盘；另一端有口，呈裂缝状，口的四周长有几圈触手。它们有橙色、绿色、橘红色，喜欢群生在海底的岩石上，触手经常在海水中轻轻拂动，犹如一朵朵盛开的菊花。它的每一根触手上都布满了有毒细胞，只要其他鱼类一碰上，它马上会喷出毒性麻醉剂，把那些来敌毒倒，然后用触手把这些倒下的鱼儿送入口中。

海葵也和少女鱼一样，它的捕食方式和少女鱼相同。少女鱼和海葵本来如猫和老鼠一样是敌对的，但它们在海底却和睦相处，过着亲密的"互惠共居"的生活，这的确让人匪夷所思。原来，海葵那用来攻击其他鱼类的毒性麻醉剂也能伤害自己和临近的海葵，为了避免自伤，海葵还能分泌出另外一种黏液。当这种黏液遍及身体时，便不会再被自己的毒液刺伤。这是海葵的秘密，也是海葵的弱点。但这一弱点却让少女鱼发现了，于是少女鱼就学会了利用这点来保护自己。一条决心和海葵共生的少女鱼，总是先谨慎地去碰撞海葵的触手，同时，极力忍耐住刺痛，将海葵分泌出的保护液蹭到自己身上。一旦少女鱼得到了这种保护液，它就获得了终身免疫，而不用担心被海葵麻醉。

因此，少女鱼可以随时出入海葵丛中，显得很亲昵的样子；少女鱼经常钻进海葵的体内，逃避敌人的追赶；最为有趣的是，少女鱼还能巧妙地将追逐自己的鱼类引到海葵触手所及的范围内，由海葵将这些敌人擒住；少女鱼还常常把自己吞下的大块食物丢进海葵丛中，以报答海葵的"救命之恩"。动物的这种知恩图报精神也令研究者感到有趣。

动物界的相濡以沫

你见过会跳舞的伞吗？

在蔚蓝色的大海里就生活着一种会跳舞的"伞"——水母。水母的整个身体就像一顶透明的圆伞，"伞"下面还长着一些细长的触手。触手有的很长，相当于一条大鲸的长度。当水母在水里游动的时候，细长的触手跟着美丽的圆"伞"一起飘动，好像是在翩翩起舞，姿态优美极了。

水母体形庞大，不过它的游泳技术却是超人的。水母的上半身是一团可以任意伸缩的胶状体，水母游动时先张开伞部将水吸入，然后收缩伞部肌肉，再将水喷出。它就是依靠水的反作用力来前进的。

水母总是漂浮在海面上，因此它会受风向、风力和海洋流的支配。水母的听力超群，长在"伞"缘处的特殊的"耳朵"能听到风浪引起的次声波，使水母在风浪到来之前就悄悄地隐藏在水下，以免被风暴激起的巨浪击碎。

别看水母在水里非常美丽、自在，可是没有水它就无法生存。水母身体含水量达98％，它进食、消化、排泄都必须在水中才能完成。没有水，水母的身体就会变小和变得很难看。

水母虽然长得很美丽，但它的性情却非常凶猛。它的触手上隐藏着极为秘密的武器——刺细胞，像粘在触手上的一颗颗小豆。刺细胞能够射出有毒的液体，当遇到"敌人"或猎物时，就会射出毒丝，把"敌人"吓跑或将其毒死。在全球最毒的十种动物排名中，一种生活在澳大利亚的箱水母名列第一。这种箱水母的触手一旦碰到人体的任何部位，都会让人在30分钟内就死亡。

别看水母这样凶狠，但它也有自己的好朋友，那就是小牧鱼。小牧鱼身材很小，但它可以随意游弋在水母的触须之间，却一点儿也不害怕。遇到大鱼游

来，小牧鱼就游到巨伞下的触手中间去，当做一个安全的"避难所"，利用水母刺细胞的装置，巧妙地躲过敌害的进攻。有时小牧鱼甚至还能将大鱼引诱到水母的狩猎范围内使其丧命，这样还可以吃到水母吃剩的零渣碎片。那么水母触手上的刺细胞为什么不伤害小牧鱼呢？这是因为小牧鱼行动灵活，能够巧妙地避开毒丝，不易受到伤害，只是偶然也有不慎死于毒丝下的。水母和小牧鱼共生一起，相互为用，水母"保护"了小牧鱼，而小牧鱼又吞掉了水母身上栖息的小生物。

威猛而致命的水母也有天敌。一种海龟就可以在水母的群体中自由穿梭，并且能轻而易举地用嘴扯断它们的触手，使它们只能上下翻滚，最后失去抵抗能力，成为海龟的一顿"美餐"。

观察中发现，水母虽然是低等的腔肠动物，却三代同堂，令人羡慕。水母生出小水母，小水母虽能独立生存，但亲子之间似乎感情深厚，不忍分离，因此小水母都依附在大水母身体上。不久之后，小水母生出孙子辈的水母，依然紧密联系在一起。

大马哈鱼的乡愁

说起"大马哈鱼",会很容易联想到"马大哈"。大马哈鱼可不是马大哈,不会像小马虎这样,就连回家的路都忘记了。正好相反,它们就是远隔千里万里,也要想方设法回到家乡。

大马哈鱼的家乡在太平洋的北部,那儿一年中差不多有半年都很冷,大马哈鱼就在那儿出生。由于河水常常是冰凉冰凉的,可以吃的东西就少了,大马哈鱼为了填饱肚子,年纪小小的就开始了"流浪"生活。它们顺着河流,一直来到大海中。大海中可以吃的东西真是多极了,大马哈鱼一个劲地吃,身体也一天天长大,原来的"小宝宝"也要做爸爸妈妈了。

把孩子生在哪儿呢?对,应该让孩子在家乡出生。于是要做妈妈的大马哈鱼成群结队,一起又从海洋,行程几千千米,往曾经的出生地方向游去。

大马哈鱼有特别坚强的意志和超强的记忆力,非常善于逆流抢渡。当它们逆江而上的时候,遇到急流险滩或瀑布,竟能跃起四五米高,从容跨过,然后继续前进,直到找到自己的出生地为止。这是一般鱼类不可企及的。

在海洋中,有一股股巨大的海流,它们凭着巨大的力量强迫大马哈鱼朝着离家更远的地方游;路途中,还会有一个个飞快转动的漩涡,就像一只只魔鬼的手,要把所有从旁边经过的东西都抓过来塞到海水中,不让这些东西跑掉。大马哈鱼靠着勇敢和机智,闯出了海流,摆脱了漩涡,坚定地朝着家乡前进。一天又一天过去了,老家越来越近。突然,前面出现了一条瀑布,拦住了大马哈鱼回老家的去路。这瀑布,就像是河流中的一级"楼梯"。远远望去,飞奔的河水从这"楼梯"的顶上直落下来。在大马哈鱼看来,就像是从天上突然泼下来的一桶水。河水一离开"楼梯"顶,就劈头盖脸地朝"楼梯"底下砸去,

发出打雷一样吓人的声音，激起的水花，飞得很高很高。不知道大马哈鱼能不能上得了这级"楼梯"。

再看大马哈鱼，在离瀑布还有长长的一段距离时，就开始急剧摆动尾巴，加快了前进的速度。水流飞快地擦过它们的身体，瀑布在它们眼里越来越大、越来越高。在就要撞上那"楼梯"时，它们突然猛地跃出水面，带着水珠在空中划出一条弧线。有的鱼跳上了"楼梯"，有的没有。没有跳过去的，又往回游，重新冲刺，跳跃。如果第二次又失败了，会再跳第三次……直到成功为止。很久以来，生物学家们一直对大马哈的这种顽强精神进行探索，试图找到动物产生情感的因素。

团结互助的鹦鹉鱼

在热带海洋的珊瑚礁中生活着一种色彩艳丽的热带鱼，它们就是鹦鹉鱼。每当涨潮的时候，大大小小的鹦鹉鱼披着绿莹莹、黄灿灿的外衣，从珊瑚礁外的斜坡的深水中游到浅水礁坪和潟湖中。

鹦鹉鱼的嘴里有很多细小的牙齿，形状有如鹦鹉的嘴。

鹦鹉鱼主要以珊瑚为食，并会将无法消化的珊瑚或岩石排泄出来而形成沙，所以鹦鹉鱼在珊瑚礁生态系中，扮演了相当重要的"珊瑚转换成沙"的角色。

每当夜幕降临时，鹦鹉鱼便分泌出一种晶莹透亮的液体，这些液体形成一个袋子，将鹦鹉鱼全身上下严严实实地包裹起来，就像穿上了一件漂亮的"睡衣"。这件漂亮的"睡衣"可以使安然入睡的鹦鹉鱼躲避敌人的攻击。有趣的是，每到凌晨，鹦鹉鱼又分泌出另一种黏液，将美丽的"睡衣"溶解得一干二净。安然歇息了一夜的鹦鹉鱼，又无拘无束地游走了。

在观察之中研究人员发现，鹦鹉鱼还是一种团结互助的鱼，一旦它们当中谁遇到危险或发生了不幸，其他伙伴就会奋不顾身地赶去相助。如果同伴被鱼钩钩住，"救援人员"会咬断鱼线，冒险救出同伴。要是有谁被捕鱼的网围住了，别的鱼就会用牙齿咬住它的尾巴，拼命把它从网缝中拉出来。这种高尚的品质真使其他的鱼类羡慕不已！

与人和谐相处的白狼

狼起源于新大陆，距今约五百万年。在人类兴盛以前，狼曾是世界上分布最广的野生动物。过去世界上有 30 多种狼。它们的皮毛多为茶色和暗灰色，只有一种是白色的，又被称为梦幻中的狼，生活在人烟稀少的纽芬兰岛的荒山上。

白狼全身都是白色的，只有头和脚呈浅象牙色。在大雪中这无疑是最完美的保护色。有人把白狼美丽的白和柔美的身段加以诗意的想象，称它为"梦幻之狼"。白狼是狼中体型较大的一种，长得和藏獒很相像，有一颗巨大的头颅和细而柔美的身体。

狼到底是天然的居民还是凶恶的魔鬼？大多数人都会认同后者。因为在更多人的心目中，狼凶残、狡诈，是恶毒的形象。在大自然中，狼扮演了捕食者，而鹿、兔等一类动物则成了它的征服对象。因此，为了保护弱小的鹿，人们就对狼实施大捕杀。由于人们对狼的偏见，不仅使狼

73

蒙受不白之冤，而且给包括鹿和人类在内的生态环境造成灾难性的后果。

狼凶猛，但很自律，是曾经的天然居民。纽芬兰白狼也是如此。白狼雌雄成双成对地生活，相亲相爱厮守终生。他们常常多个家族在一起生活。每个狼群中都有一定的等级制，每个成员都很明确自己的身份，因此相互之间，很少有仇恨和打架的行为。相反的，在围捕猎物和共同抚幼方面，还表现出一种友爱与合作的精神。从历史资料看来，它与生活在纽芬兰的加拿大土著贝奥图克人之间和谐相处。白狼与贝奥图克人和谐地生活在同一块地盘上由来已久，互无敌视，互不干预。这真让人类大跌眼镜！

重情义的大象

在海洋中生活的蓝鲸长达 30 米，是现今最大的动物。但象是当今在陆地上生活的最大动物。在陆地生活的大型动物，还有长颈鹿，身长约 4 米，高可达 5.8 米，但除去脖子，就只有 3.3 米了。另一种大型动物是犀牛，身长 3.75 米，高 2.25 米，也比不上大象。

大象是生活在陆地上最大的哺乳动物。有两种典型的象——非洲象和亚洲象。非洲象有着大大的、松软的耳朵，主要居住在非洲草原，而亚洲象的耳朵要小些，主要分布在印度、斯里兰卡、泰国、缅甸和中国云南等地。

大象的食量很大，一头成年大象一天大约需吃 300 千克的食物。它们主要以树叶、果实、树枝、竹子等为主食。大象有着很大的力气，能轻而易举地推倒大树。因此，即使是最凶猛的狮子，有时也怕它三分。象的智慧很高，会使用人类听不懂的声音互相联络，现在已知的有 5 种。天气炎热时，象的两片大耳朵用来当做扇子来散热。生气时，大象也会张开耳朵愤怒地舞动。象牙不但是摄取食物的工具，也是和敌人战斗时的武器。象鼻子的嗅觉非常灵敏。鼻子没有骨骼，是由强壮的肌肉组成，非常有力。

鼻子的前端很灵活，可以握住细小的东西。象脚的前脚为 4 趾，后脚为 3 趾（亚洲象前脚为 5 趾，后脚为 4 趾）。跷脚时，脚后跟就成了肉垫。

亚洲大象很大，一头足足有一台"解放牌"汽车重。但是，它在世界陆地上还不是最大的动物。

那么，世界陆地上最大的动物是谁呢？是非洲大象。

一头非洲雄性大象，长到 15 岁左右的时候，它的身长就达到了 8 米以上；身高达到 4 米上下，体重达到 7～8 吨。有记录的一只最大的公象，于 1955 年 11 月 13 日在安哥拉的麦柯索西北方遭射杀。这只死象侧躺在地上，勾画出的轮廓，从肩的最高点至脚底，长度为 3.95 米，这表示它站立时的高度一定有近 3.7 米。从鼻端至尾端约有 10 米长，而最大的体围为 5.9 米。体重估计在 10 吨以上。

1959 年 3 月 6 日，这只象的标本放在华盛顿斯密生博物馆的圆台上展出。

非洲大象同亚洲大象相比，不仅尺寸大、身体重，而且不论雄象、雌象都生长象牙；耳朵既大又圆；睡觉的姿势，不像亚洲象站着睡，而是卧下睡。不然，它不能安然地进入梦乡。非洲大象出生以后，哺乳期大约为两年的时间；长到 12～15 岁时，才是"婚配"的年龄；24～26 岁时才停止长个儿。

在陆地上的哺乳动物中，大象的怀孕期是比较长的，一年半至两年才能生

下小象。这小象一落地，就有 1 米高，100 千克重。在自然界里，象的繁殖率比较低，大约要相隔五六年的时间才生育一次。它们能活多长时间呢？在正常的情况下，其寿命可达 60 岁，有的可活到 100 岁的高龄。

非洲大象喜欢群居。一般是 20～30 头为一群，多者可达百头。

这些大象生活在一起，活动有一定的范围，有一定的路线，不乱跑乱走；出去找食，一般是在早、晚时间。它们活动的时候，为了保护幼象，排成长长的大队：成年的雄象走在前头，任领队；幼象走在中间；成年的母象走在队伍的后头。在陆地上的哺乳动物中，大象的嗅觉也是最灵敏的，可以与犬相比。但它比犬聪明，能帮助人类做很多很多的事，比如运输物资、看小孩、守门、陪同主人出猎；还能在马戏团、杂技团里当敲鼓、吹号、杂耍"演员"。

非洲象的耳朵很大。雌、雄象都长有两个很长的大牙，雄象大牙有 3 米多长，100 千克重。象鼻能够捕卷食物，也作为攻击和自卫的武器，有时为了保护幼象免受敌害，母象常用鼻子卷起幼象逃跑。一些蚊蝇、小虫常要在大象身上打扰，靠一根短小的尾巴甩来甩去，蚊蝇根本不在乎，所以大象还需用自己的鼻子去赶散虫子。象鼻子的卷力大得惊人，足以拔起一棵很大的树。

据资料记载，大象还有它们自己的"坟墓"。当一头老象快死亡的时候，一些年壮的象，就把它搀扶到"墓地"。老象见到"墓地"，便悲哀地倒下去。这时，它的后代用巨大、锋利、有力的牙，挖出一个庞大的墓坡，把老象的尸体埋葬在坟墓里，之后洒泪而去。

研究表明，行动迟缓身材巨大的动物，都是比较"憨厚"的动物。这也是它们自身的特性决定的。

希腊毒蛇"朝圣"之谜

世界上虔诚的教徒千千万，有谁听过毒蛇也朝圣，且坚定执著之心丝毫不逊于人类呢？

传说在很久以前，希腊有一个美丽的小岛，人们安居乐业，过着自由自在的生活。突然有一天，祸从天降，一帮强盗突然袭击了这个岛，并不怀好意地将年轻漂亮的修女关押起来。圣母显然明白这帮强盗的歹意，为使纯贞的修女们免遭强暴，于是就把她们都变成了毒蛇。

眼看着美女变成了毒蛇，强盗吓得落荒而逃，可是毒蛇却再也不能变回美貌的女子了。为了报答圣母的恩德，它们每年在希腊人纪念上帝和圣母的日子里，都会不约而同地到这个小岛朝圣。它们从居住地爬出来，一直爬到这个小岛上的两座教堂，最后停靠在教堂的圣像下面。像是受谁指挥似的，在这里盘结10多天后，才渐渐离去。

这种毒蛇带有剧毒，被它咬了，毒性会扩散全身致死，但它们却似乎颇通人性，世代与小岛居民和平共处，从不伤害这里的居民。岛上的居民也敢触摸它们，或将它们缠绕于身上，据说这样可以驱邪治病，保佑岁岁平安。

自始至终让人百思不

77

得其解的是毒蛇朝圣的日子，为什么都选在希腊的重要节日，而它们又是怎么知道纪念上帝和圣母的日子的呢？难道教堂会在节日时发出吸引它们的特殊气味引诱它们前来？更奇怪的是来朝圣的毒蛇头上，都有一个跟十字架极为相似的标记，难道它们会发出同类能识别的声音，让同类成群结伴都来此朝圣？

这种朝圣现象据说已持续了100多年，毒蛇也会言传身教，教育自己的后代继续去朝圣吗？

对这一奇怪的现象，人们议论纷纷。或许，这就是神的旨意；也或许这就是此种毒蛇的一种生理本能的表现……我们期待着动物学家们继续研究，早日得出正确的结果。

第三章

动物的怪异行为

我们应该清醒地认识到，很多动物，都比我们人类具有，先知性，，像鲇鱼对地震之前的预感；像猫头鹰对人体内部器官的先觉……在它们的身上有许多神秘的现象，有许多令人惊叹的奇趣妙闻增添了这个世界的精彩与传奇。这些动物的特异功能都是值得我们深入钻研的。

动物怪异行为可以预测地震

当年的唐山大地震，许多人还记忆犹新，一夜之间，一座城市就化为瓦砾，几十万人的生命化为乌有。就在地震发生的前3天的上午，有人发现成百只黄鼠狼从一堵旧城墙里倾巢出洞，大的黄鼠狼或者背着小的，或者叼着小的，向村里转移。就在当天晚上，又有10多只黄鼠狼围着一棵核桃树转来转去。到了第2天和第3天，这些黄鼠狼又连续不断地向村外跑去。在那几天里，黄鼠狼不停地号叫着，显得很不安静。到了地震的前一天，又有人在棉花地里发现有的大老鼠叼着小老鼠跑，有些小老鼠跟在大老鼠的后面，依序咬着尾巴，排成一串转移。离唐山不远的昌黎县，有一家养了二三百只鸽子，在地震发生的前一两个小时，倾巢飞出。

这种现象，在其他国家也有发生。1948年，俄罗斯的阿什哈巴德发生地震的前两天，就有大批爬行动物出现了反常现象，可是没有引起人们的注意，以致造成灾难。1968年6月，前苏联亚美尼亚地震前一个小时，几千条蛇穿过公路，进行大规模的转移，甚至影响了汽车的通行。1978年，中亚阿赖地区发生地震的时间正好是冬季，一些爬行动物如蛇、蜥蜴等早已进入了冬眠。可这些动物在一个月之前，就从冬眠中醒来，爬出它们过冬的地方，冻死在雪地里。

有人发现，鲶鱼也能

预知地震，鲶鱼在正常情况下每小时活动不过几次，可从震前 5 天到发生时止，自动记录器留下的记录表明，鲶鱼在最活跃时每小时的反常活动达 100 次。根据检测，在 14 次有感地震中，记录鲶鱼反常活动的有 10 次。而经地震预测部门研究与核实，鲶鱼对有感地震的反应，与地震仪所预测的结果，有 9 次是一致的。

科学家们对动物预知地震的现象十分感兴趣，一旦把动物预知地震的原理弄明白了，那对于人们预报地震是大有好处的。因此，人们对一些对地震敏感的动物进行了研究。有人认为，动物具有比人高超得多的感觉地震征兆的能力，当地震快要到来时，许多动物就会不安分起来，为活命而纷纷出逃。有人对蛇和蜥蜴进行了研究，发现蛇的低音波振动接收力很强，而蜥蜴的超声波听力范围可达到 100 千赫，这种听力能够听到地球内部的"声音"。

人们还发现，震前动物异常的地区分布是有规律的，一般是沿着发震的地质构造线两侧分布。例如，海城地震前，动物异常集中分布在北面的两条断裂带的两侧。1976 年内蒙古的林格尔地震前，动物异常集中分布在与长城走向一致的断裂带上，形成十几千米的动物异常带。从断裂带向北，动物异常反应就没有了。有些地区动物异常反应呈点状分布，有的地方的异常反应比较突出，有些地方则不明显。这可能与地下断裂带的分布情况有关。动物异常反应一般分布在断裂带的交叉点、两端和某些地下通道的出口处。

现在，对于动物预知地震的现象，人们已无异议，但有些问题，如地震源以什么信号刺激动物，动物又以什么感官接收了这些信号，还有待于人们去探索。

动物也会使用工具

狒狒、猩猩以及其他灵长目动物间或会用树枝和石头作为武器，或用石头砸开坚果。黑猩猩是最善用其生长环境的自然工具的灵长目动物。

它们会用剥去叶子的树枝或坚硬的草茎自制"钓竿"，探入白蚁巢内，然后抽出来舔吃竿上的昆虫，或把草茎插进蜂窝去蘸蜂蜜。它们又能够用较粗大的树枝弄开蚁巢或白蚁巢，或挖掘植物的根及块茎来吃。它们又会把嚼碎的叶子塞入树洞之内吸水饮用。

使用工具是为了达到某种目的，很多动物都为觅食而用工具。加拉巴哥啄木燕以喙叼一根仙人掌刺或尖细的树枝，插入树皮或洞穴里，觅取蛆或昆虫来吃。给戳着的昆虫逃走之际，燕雀便用脚抓住工具，吃掉昆虫后才把细枝或仙人掌刺放回喙里再用。有些鸟类也像人类一样用石头做工具。鸣鸫拿石头当作铁砧砸开蛋壳；埃及兀鹰叼起石头去砸鸵鸟蛋，如果蛋壳不应声破开，它会再接再厉砸上半小时以上。动物通常是拿食物往石头上砸，而不是用石头砸食物的。累勋鹫（东半球的一种大兀鹫）会把骨头从高空中扔在岩石上砸碎，取骨头里的软髓来吃；据说它也用同一方法敲开海龟壳。鸥也是把甲壳类动物扔在岩石上砸开的。獴是一种鼬鼠似的哺乳动物，也有近似的习性。

有些勤兀鹫用一双前爪抓着鸟蛋，掷向石头或树干上。有些獴更"聪明"，会把鸟蛋从两条后腿间掷出，再向后踢上一脚，以增加劲力。

对大约 20 厘米长的射水鱼来说，水就是觅食的工具。射水鱼生长在东南亚的河流及沼泽中，在近岸的水面游弋，察看岸上的垂枝上可有蜘蛛、昆虫与其他小动物。一看见猎物，射水鱼便在水中来回游动，算准距离，用不知何种方法抵消水中光线的折射，瞄准后吐出"水弹"，把猎物击落水中。它们能命中远达 4 英尺的目标，有时甚至更远也一样中的。

象背中央发痒，不能用脚搔抓，又由于身躯庞大，无法像熊般把背抵着树干上下摩擦。有人曾经见过象用灵活的长鼻捡起树枝之类的物体来搔痒。母象有时还会像人类一样责打幼象：假如幼象过分淘气，母象会拔起一株灌木或一株小树，来鞭打它们。

有些黄蜂会用小鹅卵石筑成育幼的地方。一种专捕毛虫的雌沙蜂先在稀松或多沙砾的土中挖一条隧道，把大块的石屑带走，再细挑一块石子塞住出口。接着沙蜂便捕捉一条毛虫，蜇刺一下使它瘫痪，带回隧道中。雌沙蜂打开隧道清理一番，然后把动弹不得的毛虫推进去，在它的身上产卵（幼蜂孵化出来便以这条毛虫为食）。最后，雌沙蜂把出口用沙泥封起来，再用腭钳住一块小鹅卵石封好出口。

植物与石头是陆上动物最常用的天然工具，在陆上虽然俯拾皆是，却只有少数动物能够使用；海洋中，会使用工具的动物更如凤毛麟角，海獭即其中一种。它从海底捡起石头，放在腹上，在水中仰泅，然后把硬壳的猎物往石上砸。

海獭还利用海草把同族聚在一起，免得漂离失散，也可做掩护。

若干寄居蟹能捡起海葵，放在自己的壳上，利用海葵有毒的触手禁敌，利用海葵的躯体做伪装。海葵也因而被寄居蟹带到别处去。海葵被用作武器，算是工具吗？对此，生物学家意见不一，有些认为既然是寄居蟹把海葵搬来的，海葵便是它的工具；有些人却认为把生物视为工具，不大说得通。

动物使用工具，多半出于本能，因此看似不假思索，非常聪敏。其实它们也能学习使用工具。在马戏团及其他的杂耍表演中，蚤、鸡、鹦鹉、海豚以至虎等许多动物，经过训练后，能够运用工具表演各种把戏。这些把戏大都是骗人的：动物看似身怀绝技，或能像人一样推理，其实只是条件反射，通常为博取食物而这样做。

非洲的狒狒经训练后，能够利用简单的工具掘蔬菜或采摘水果。它们为了食物，一般肯卖力采掘，但有时也会使性子，不愿采掘。科学家在实验室里测验过许多灵长目动物应用工具的能力，向它们示范只要利用某物件就可达到某目的，它们多能立即模仿。但只会完成单个步骤的工作，若要它用工具去另造工具，便束手无措。

"发光鱼"是奇异之光

在大约700米以下的大海深处，长年见不到阳光，可是这里并不完全是一片黑暗，那里生存着很多发光生物，小的通体发光，而较大的则有特殊的发光器官。让人不可思议的是海水越深，那些发光生物发出的光就越强。

人们常见的乌贼和鱿鱼，貌不惊人，它们也是发光鱼中的一员。它们的发光器官相当大，位于头部，有的生在眼睛上方，有的干脆长在眼睛里。当这些发光器官用来照明的时候，就把光直接投射在它们要照的物体上。它们也可能把灯"关掉"，也就是用皮膜把发光器官罩住，就像人把眼睛闭了起来。

在太平洋沿岸，人们常常能见到一种三四十厘米长的军曹鱼。称它为军曹鱼，是因为它身上有着排列规则的特殊色彩和条纹，就像穿着制服，而它身上300多个发光点，则有点儿像下级军官制服上闪闪发亮的铜纽扣。

军曹鱼身上的"铜纽扣"，不是为了照亮黑暗，而是为了寻求配偶。这种鱼的发光机制，也与众不同：它的光是从一种黏稠的体液中发出来的，经过一个透镜聚光，并由一层透明薄膜保护，闪闪烁烁，煞是好看。

深海里的鲛鲸鱼，是捕猎鱼虾的能手，它的渔具很特别：一般鱼的脊鳍总是向后掠的，鲛鲸鱼也有向后掠的脊鳍，但是在整排向后掠的脊刺中，唯独有一条向前伸出，这条刺很长，一直垂到嘴前，很像一根"钓鱼竿"。就在这根"钓鱼竿"梢头上，长着一个梨形的"鱼饵"，发出明亮的光。众多的深海鱼虾，纷纷来到这个亮晶晶的鱼饵边上，既想看，更想吃，它们根本没有想到，也不曾注意，在这个鱼饵的后面正张着一张贪婪的大嘴呢！等到发现，它们已经身处鱼嘴那锐利的齿牙之间了。

类似的发光鱼还有很多，发光器官也各有奥妙。一些硬骨鱼类具有非常高级的发光系统，它们的身体两侧有几排发光球。印度洋里有一种灯眼鱼，在眼的下边，有一个很大的发光器官长在一个能活动的短柄上，就像一个能提来提去的灯笼。不用时，这盏"灯"可以缩进去，藏在眼睛下面的一个囊里。

还有灯鱼，它镶嵌在腹侧的发光器官数目不多，但发出的光却很强烈，如同耀眼的宝石、闪光的珍珠。

生活在美国加利福尼亚沿岸一带海里的相尝鱼，全身有100多个发光点，发着白光。

有些鲨鱼也能发光。角鲨发出的光是一种强烈的绿色磷光，是从散布在皮肤里的许多发光器官中发出的。有一种鲨鱼，死去几小时后还能发光。

在孟加拉湾有一种光头鱼，它的全身皮肤上覆盖着一层厚而均匀的表层组织，能发出像磷火似的微光。印度洋有一种龙头鱼，能发出美丽的光彩，但身上并没有什么发光的器官。

形形色色的发光鱼，发光的位置不同，发光的器官不同，发出的光色也不同。这些鱼会发光是因为体内有发光细胞，或是发光器内有发光细胞。

发光鱼的腺细胞分泌液里含有磷，磷被氧化后就发出了光。至于鱼类发光的目的，到目前为止人们还没有完全弄清楚，引诱猎物和迷惑敌害可能是最主要的原因。

在海洋中，除了发光鱼之外，还有大量其他的发光生物。在热带海洋中，有一种"夜光虫"。这是一种直径不超过2毫米的小虫，它滴溜溜像颗小珠，珠面有个深凹，那是它的嘴巴。在显微镜下，可以看到它长着一条长长的、有横向条纹的触手和短短的、有纵向条纹的纤毛。这种微小的热带生物能发出磷光。

就在这种微小的生物身上，还寄居着数以百计的"微鞭毛菌"。微鞭毛菌体内含叶绿素，就像普通绿色植物一样，能从周围吸收二氧化碳，合成淀粉，而其能源，就是夜光虫的磷光。就这样，夜光虫给微鞭毛菌供应二氧化碳和光能，而微鞭毛菌则把合成淀粉时产生的氧供给夜光虫。这种共生真是"合则两利"，相得益彰。

深海里的小虾，它们嘴边有着一种特殊的腺体，遇到险情，那腺体能分泌出发光的液体。小虾一般是成群聚集的，成群的小虾分泌发光的液体，海水里便亮起一片光幕，当威胁着小虾的大鱼还在晕头转向时，群虾早已一哄而散了。

而有些动物只是在身陷绝境、千钧一发的时候才发光逃命。像刚才谈到的小虾，有时被一条鱼咬住了，它迅速喷出发光的液体，那鱼被突然在嘴边闪起的光亮一吓，微微一松口，小虾便一下子逃掉了。

威廉·比勃是一位深海探险的先驱，他曾乘潜艇潜入海洋深处，透过舷窗玻璃，亲眼看到一条发着微光的蠕虫被大鲨鱼咬成两段。尾部的半条，突然变得明亮起来，在海水里显现得清清楚楚，鲨鱼上去，几口便吞了下去，回头再找头部半条，早已光灭影杳，躲进黑暗里去了。大多数蠕虫，都能够再生它失去的尾部，就像蜥蜴断尾能再生一样。

毒蛙杀象

看了这个题目，恐怕谁也不会相信，青蛙怎么可能杀死大象？要说奇就奇在这里，怪也怪在这里，同时这也是一个让人费解的谜。

事情发生在非洲的肯尼亚。

时间是 1968 年 12 月 3 日上午，地点是在肯尼亚与坦桑尼亚接壤的塞利吉泰平原。在这个平原上，生活着许多野生动物。这里已被肯尼亚与坦桑尼亚两国政府共同确定为野生动物保护区，也就是国家公园。

这一天，公园中的警察汉尼顿和动物保护局官员海尼在进行例行巡逻时，发现有 5 只大象倒在沼泽地的边上，不停地呻吟。起初两人都认为是有人盗猎，可走近前一看，身上没有中弹的痕迹。海尼赶紧拿出急救箱，给每一只大象打了一针强心剂和止痛针，可大象还是呻吟不止。两人面对大象，面面相觑，束手无策。不一会儿，5 只大象一个个地断了气。

他们在死象身上检查来检查去，终于发现了秘密，在每只大象的脖子上，都有五六只 20 厘米长的大青蛙，它们把嘴巴深深地刺进大象的脖子里，还不断吐着黄褐色的泡沫。原来大象是被青蛙给杀死的！汉尼顿赶紧用无线电向总部报告这件奇怪的事情，并请求派医生来支援。

5 分钟以后，一架直升机载来了公园里医术最高的医生克里斯。克里斯查看了现场，深感惊诧，觉得不可思议。他让汉尼顿和海尼去抓几只青蛙，带回去研究。可当他们两个捉住青蛙时，都不约而同地惊叫起来，像触电一样把抓在手中的青蛙扔掉。

"怎么回事？"克里斯问。

"青蛙有毒刺。"他们两个异口同声地说。

他们还是小心翼翼地捉到了几只大青蛙，带回了实验室。克里斯经解剖发现，这种大青蛙肤色黑中带绿，蹼分成三叉，每个叉都像刀一样锋利，背上长满了毒刺；最奇怪的是它们的头部都长着又粗又尖的角，不断冒出一种难闻的黄褐色的汁液。经分析，这种黄褐色的汁液比非洲眼镜蛇还要毒上4倍。难怪那些大象会死于非命。他们把青蛙制成标本，陈列在肯尼亚国家森林公园的展示室里。从那以后，这种有毒的青蛙再也没有出现。

让人不解的是，这些青蛙身上为什么会带有毒素？它们是从什么地方来的？为什么又突然消失了？

青蛙的集体自杀行为

在美国夏威夷的檀香山附近，有一个小镇，大概只有50多户人家。别看它小，却很出名，出名就出在那高超的烹食青蛙的手艺上。烹食青蛙的习俗，在这里已有上百年的历史。也许是由于这个小镇没有节制地捕杀青蛙，惹怒了青蛙世界，它们组织起来，向这个小镇进行了一次大示威。

故事发生在1993年，在这一年的年初，青蛙还没有从地里拱出来，小镇上的人们就过早地听到了青蛙的鸣叫声。这里的人们对这种叫声十分敏感，因为只要有青蛙，他们就会财源不断。所以，他们一听到青蛙的叫声，就赶紧循着蛙声去捕捉，可跑了一圈之后，却一无所获。正当人们失望之余，青蛙却自己送上门来了。一天镇民巴斯克刚刚起床，打开房门，突然闯进来六七只青蛙。巴斯克喜出望外，赶紧把这些青蛙捉住，宰杀烹吃。可还没有把这批青蛙吃完，就又闯进来一批。就在巴斯克忙着捕捉青蛙的同时，镇上其他人家里也都闯进了这些不速之客。

紧接着，成千上万的青蛙前呼后拥，冲进了这个小镇。每到夜里，镇里到处蛙声阵阵，吵得镇民无法入睡。在这段时间里，人们只要一打开门，门前就会有数不清的青蛙往屋里跳，进屋之后，不是叫个不停，就是往火坑里跳，或者往碗里、盆里、床上、家具上、衣柜里乱钻乱蹦。整个小镇已经成了青蛙的世界，没有一处空地。交通也被堵塞了。前面的死了，后面的又拥了上来。它们并不向人进攻，只是自寻死路。

这些铺天盖地的青蛙，又引来了无数吞食青蛙的毒蛇。毒蛇也向人进攻，给这个小镇带来了意想不到的灾难。当地政府不得不派出人员，一方面清理死去的青蛙，一方面消灭毒蛇。就这样，足足闹了一个多月，才逐渐平静下来。可是从此以后，这里再也没出现一只青蛙。

就在这一年，在这个镇的百里范围之内，连连不断发生虫害，毁坏了大批果树和庄稼。而死青蛙给这个小镇带来的臭气，也久久不能散去。从此"门前冷落车马稀"，再也没有游客光顾这个小镇了。

令人困惑不解的是，发生的所有这一切，到底是怎么回事呢？

大象的嗜石之癖

　　大家都知道，大象是食草动物，它怎么可能吃石头呢？说起来谁也不会相信，但事实就是事实。生活在非洲东部肯尼亚艾尔冈山区的大象，它们的鼻子就像挖掘机一样，把石头挖下来，喀吧喀吧吃掉。就这样，天长日久，大象用鼻子在这个山区挖出了许多奇怪的洞。大象经常排着队，走进山洞，吃够石头后，又排着队走出来。

　　关于这山洞，有人认为不是大象挖的，是火山爆发后留下的溶洞。可是山洞的巨大空间和不规则的形状又与岩浆喷射的气泡不相吻合。一些考古学家分析这可能是当地居民挖掘的。但通过对当地土著居民的调查来看，他们没有挖山洞的历史。科学家们根据当地居民的说法，加上对这一带山区的调查，认为这一带的大象很久以来就有吞食石头的习惯，这些山洞，就是它们挖山不止的结果。

　　现在人们感兴趣的是，大象为什么要吃石头呢？这件事引起了科学家们的关注，他们亲临现场，观察大象与石头的关系。经化验发现，大象吃的石头里含有很高的硝酸盐。原来，在干旱的季节里，大象要出大量的汗，分泌大量的唾液，身体里的盐分随之被大量消耗，而吃的那些植物里含的盐分又远远满足不了要求。因此，便靠吃这种含盐很高的石头来加以补充。让人感到奇怪的是，大象怎么知道这些岩石里含有硝酸盐呢？难道它们也像人一样，知道自己缺什么就补什么？

　　另外一个让人不解的问题是，其他地方的大象也都是食草动物，却都不吃石头，为什么这样？如果是现在才有的，那么是不是大象的食物结构发生了变化？就从为了补充盐这个角度来说，其他地方没有这种石头，大象又靠什么来补充盐呢？这些问题，还有待于进一步研究。

鸟儿的看家本领

"海阔凭鱼跃，天高任鸟飞。"你想像鸟儿那样自由翱翔于蔚蓝色的天空吗？

让我们来看看鸟儿是怎样扶摇直上的。

拥有一对翅膀是鸟类飞行的首要条件。科学家们认为，鸟类翅膀结构异常复杂，丝毫不亚于鸟类整体机能的复杂性。鸟翅的羽毛构造能巧妙运用空气动力原理，推动空气，利用反作用力向前飞行。

鸟儿飞翔除了主要依赖于翅膀外还有它们特殊的骨骼。鸟骨是优良的"轻质材料"——中空质轻。这对减轻自重、增加浮力非常有利。

另外鸟类和人类一样，在缺氧的情况下，会进行"过度换气"，与人类不同的是鸟类进行的是双流呼吸：肺部—气囊—肺部。在6000米高空，氧气含量仅为海平面的1/2，而鸟类在此高度飞行时，能将呼吸频率增加5倍，吸入空气的量增加2倍。

过度换气能使肺快速吸进更多的空气，从而把大量的氧输送到身体的各个部分，尤其是大脑。

在通常情况下，大脑损坏的直接原因，就是因为脑血管在过度换气时开始收缩，变得比正常时狭窄，脑细胞没有足够的氧气补充，死亡就会加速。

然而在相同的情况下鸟类却能获得成功，有人认为它们在过度换

气时不会发生脑血管收缩现象，所以可以战胜人类认为难以承受的极限。

但是，鸟类究竟是拥有怎样的控制机制才得以使它们在过度换气时仍能保持正常的脑血流量的呢？

有人说，鸟类之所以能战胜复杂的气流、高寒、缺氧等不利条件，仅有过度换气方面的特殊功能显然不够。在那些不利条件下，人或其他哺乳动物由于缺氧会导致体内所有的功能发生紊乱，更何况面临的不仅仅是缺氧，还有其他可能危及生命的事情同时袭来，如奇寒、复杂的气流冲击、始料不及的冰雹风雪等，因而必须具备综合性的应变能力才行。鸟类如此与众不同，一定有一整套合理的、科学的应变装置。但是这套"装置"藏在什么地方人类还不知道。

可见，鸟类凌空飞翔之谜依旧不甚明晰。它们到底有什么飞翔的独家秘籍，抑或持有何种特异功能？这还有待人们进一步地探索和研究。

孔雀开屏的原因是什么

动物园里总有年轻漂亮的妈妈领着自己可爱的小宝宝来到孔雀笼前，不停地挥舞着手中的手绢。她们在干什么？当然是想看孔雀开屏呀！

孔雀在五色手绢的挑逗下会开屏吗？

是不是只有骄傲的孔雀公主最美丽？

雌孔雀跟雄孔雀站在一块儿很不相称。雌孔雀全身的羽毛是灰褐色的，点缀着交错杂乱的暗色斑纹，像是个灰姑娘。而雄孔雀则像个漂亮的白马王子，它头上长着6~7厘米的羽冠，面部露出金黄色和天蓝色的光泽。

在丰满的绿色羽毛上，镶嵌着黄褐色的横纹。每枚尾羽上都有宝蓝色的眼斑依次散列着，两边分披着的小羽枝闪烁着古铜色的光泽，被人称为"天使的羽毛"。

那么孔雀为什么要开屏呢？

动物学家认为，要回答这个问题，就应该先了解孔雀在什么时候开屏最多。

每年的4—5月，是孔雀开屏最多的时候，这时也是孔雀繁殖的季节。德国动物学家梅克断言，孔雀开屏是求偶的需要。

通过对孔雀生活习性的长期观察与研究，他曾不止一次地发现，只要一到繁殖季节，雄孔雀的羽毛就会焕然一新，它们在山脚下开阔的草丛中或者小溪旁，翘起美丽的尾羽，随后便展开自己绚丽的彩屏，紧紧跟随在雌孔雀的身后，洋洋得意地走来走去，还时不时翩翩起舞，向雌孔雀求爱。

中国的动物学家也发现，雄孔雀的这种动作并非偶然的，它是动物本身生殖腺分泌的性激素刺激的结果。繁殖季节一过，这种开屏现象也就逐渐消失。

但另有学者认为，孔雀开屏是用以迷惑、吓唬敌人的，如此一来，它就不容易被敌人捉住了。

中国也有动物学家认为，游客鲜艳的服装和大声谈笑，经常会刺激孔雀，引起它们的警惕和戒备。此时的孔雀开屏，也是一种示威、防御的动作。

俗话说：女为悦己者容。骄傲的孔雀开屏张羽，尽展美丽又是为何？目前，各国学者还正处在进一步的研究和考证之中。开屏之谜的揭晓还要等待一段时日。

北极熊的生存之道

北极熊是最喜食肉、惯于独处的巨兽，以浑身雪白皮毛作为天然掩饰，全靠潜行偷袭和一身蛮力捕食各种动物，在北极冰上称霸。北极熊是北极沿海浮冰及烈风吹袭的海岸上最大、最凶猛的食肉动物。

在陆地上，平常没有动物敢攻击它。除了老雄海象或集结成群的麝牛之外，北极熊简直无所畏惧。

北极熊通常都居于陆地附近，但在冰封的北极海大半地方也会有它们的足迹，还会随着浮冰漂流出海。夏季，北极熊常在沿岸各地活动，很少深入内陆30公里以外。

成年的雄北极熊平均约重1000磅。但是动作极为敏捷，能跃过冰上12英尺（3.65米）宽的裂缝。这样重量的雄北极熊，长8~9英尺（2.4~2.7米）。以后腿站立时，能平视大象。

在笼中饲养的北极熊，寿命可达40年。雌性三岁时成熟，雄性较晚一年。

探险家和捕鲸的人讲述许多有关北极熊猎食动物的技巧，其中有一些无疑言过其实。

例如用两只前爪捧着大冰块击破海象的头部；潜近猎物的时候，用雪把黑鼻子盖起来；以后腿站立，向海豹投掷大冰块，先把海豹击昏才从容猎食等，这些说法都非事实。一般人都认为北极熊是迟钝笨拙的动物，但是有人见过它在陆地上追到飞奔的鹿的前面。

北极熊蛮力很大，能把 200 磅（1 磅≈0.45 千克）重的嗜冰海豹从冰上海豹通气洞猛力拖出来，连海豹的骨盆也撞碎。

北极熊猎取伏在浮冰上晒太阳的海豹时，早在进入海豹视力所及范围之前，就像一只大猫似的平伏冰面，以肋部或腹部匍匐前进，尽量掩护身形，从冰面滑入水中，再游上浮冰。然后突然扑击，这时海豹已来不及跳水逃走。海豹在水中的速度和耐力，远胜北极熊。目击者说曾见大群嗜冰海豹在水中围攻北极熊，甚至咬伤北极熊后腿。

由此可知，海豹在水中显占上风。

北极熊基本上是独自猎食，但在幼熊能自行猎食之前，雌熊和幼熊集群出猎。交配期过后，雄熊便离开雌熊。在短短数天的交配期内，雄熊时常猛烈相斗，但在其他时间，除非遇到难得的肉食，例如受冰块困住而窒息致死的白鲸或独角鲸等，几只雄熊和雌熊们及幼熊才聚在一起，大家相安无事地大快朵颐，否则彼此互不理睬。

北极冬季期间，那些不在洞穴藏身的北极熊饥不择食。鸟卵、海草、碎木片，甚至同类的死尸等，什么都吃。夏季，北极熊到岸上换毛时，也是亲食性的，口味与同科动物棕熊相同，吃野草、地衣和越橘。北极熊也捕食旅鼠等小动物。

在阿拉斯加，鲑鱼逆流而上的季节，北极熊便到小水潭和窄水道去捕食鲑鱼。

北极熊虽于 4 月间交配，但 9 月始着胎，产期为严冬。在自挖的雪洞内生产。初生幼熊长不及 35 厘米，重不足两磅，整个冬季与母熊同住在雪洞内。母熊授乳期长达 20 周，母乳是幼熊在这段期间的唯一食料。3 个月后幼熊约重 22 磅，但母熊则因哺乳期内禁食，原来的 700 磅体重，可能减轻一半。到天气回暖时，幼熊已长大，可以走出雪洞。

出生后几个月内，幼熊在 3 寸（10 厘米）厚的皮下脂肪层上面长出浓密的绒毛和粗厚的保护毛。

3 月、4 月间，母熊走出雪洞，开始捕食。最初的食物或许是冻腐肉。春天通常是食物丰收的季节，有大量幼海豹，特别是积雪下面洞穴里出生的嗜冰海豹。北极熊凭嗅觉寻觅海豹。袭击时必须迅速，因为海豹可钻入水中的冰洞。北极熊如能一掌击坍冰洞穴顶，便可一举双得海豹母子。

幼熊这时首次尝到固体食物，不过仍要继续由母熊哺乳，度过第二个冬季。雌熊通常每三年生育一次；如果失掉幼熊，便提前交配。幼熊在冰雪覆盖的斜坡嬉戏、滑冰，学习求生之术，还模仿母熊游泳和潜猎。母熊与幼熊玩滑坡游戏，一连玩上几个钟头，甚至有人见到年龄较大的老熊也沿浮冰斜坡滑下，然后爬上去再滑。

北极熊母子在第二个夏季分离，母熊离开半长成的幼熊，让它独立生活。这段时间，幼熊最易为猎人捕杀，到了冬季来临，也极易在酷寒中丧生。

人类是北极熊的最大克星。北极熊数目，估计现有 5000 ~ 18 000 只。北极熊徜徉于冰块上，仅偶然走上陆地，因此极难点算数量，这个估计数字极为粗略。人类每年猎杀北极熊千余只，大部分保存下来，留作纪念品。

老虎与狮子的王位之争

狮子、老虎，王者之位本归于谁？

研究动物的人都很清楚，老虎生活在亚洲，而狮子主要产于非洲，至于印度，现在仅有西部的吉尔地区或许还有少量老虎存在，据说一直受到保护，因而两种食肉猛兽各霸一方，根本没有机会碰到一起比高低，极其难说谁强谁弱，谁凶谁不凶。

在兽类王国里，狮子常常被人们称为"兽中之王"。而老虎，也经常被称为"百兽之王"。常言道，兽中只可能有一个大王，何来两个呢？

据推断，人们称狮子为"兽中之王"，并不是或不完全是因为它比其他兽类强大，殊不知雄狮的颈上长有长而密的鬣毛，异常威武雄壮，作为狮群的象征，颇有"王者气概"。此外，雄狮的吼声也特别洪亮，颇能震人心魄，可谓兽类之首。老虎虽也有深沉的啸声，但终比不上狮吼来得惊人，至于其他的豹叫、马嘶、犬吠、狼嚎，那自然更是不可相提并论。

老虎之所以被称为"百兽之王"，乃因为它是食肉猛兽中最有威力的一种，山林中大小诸兽无不对它避而远之，连东北的大黑熊和成年雌象，见了它都要赶快溜之大吉。

其实，狮子和老虎在兽类中并不是最强大的。在非洲，狮子遇到比它高大的大象，抑或比它更凶猛厉害的犀牛、公野牛，也要退避三舍，躲开为妙。即使是在与野牛、长颈鹿进行搏斗时，偶尔也会发生被它们踢断肋骨或肩胛骨的现象。至于老虎，虽然也有"百兽之王"之称，但是一旦碰上大公象，也只能乖乖地让步千里，然后溜掉，否则粗大的象鼻击来，再凶猛的老虎也是承受不了的。就算遇上的是雄野猪，老虎同样也不敢轻易进犯。

由此可见，"兽中之王"的桂冠给谁戴都有些牵强。老虎和狮子不但从未决胜负，且与其他高大动物相比，也有处于弱势之时。就算它们有了高低之分，离"王"的封号似乎还有一段坎坷之路要走。

啮齿类动物的怪异行为

啮齿动物都是地球上最能适应环境的动物——能抵受艰苦，繁殖力惊人、几乎无所不吃。它们多产多育，瓜瓞系系。

啮齿动物约共有 1800 种，几乎等于其他哺乳动物种类的总和。从冻原到热带雨林，不论什么生存环境，几乎都可见到它们出没。啮齿动物体型多半很小，最大的是水獭，身长 3 英尺，尾巴不在内。最小的是非洲侏儒鼠，仅长 3 英寸

（1英寸＝0.0254米）。

　　啮齿动物与其他哺乳动物的不同之处，就是它们有终生生长不停、活像凿子似的门齿，但是没有犬齿。啮齿动物吃下的东西，无论什么都能消化，因此可以在大多数其他哺乳动物无法生存的环境中繁殖。它们是多产的动物，往往一年可产几胎，每胎数目又多。由于种群量很大，在同一品种中已有很大的遗传性变异，不论环境的情况怎样改变，种群中总会有一部分具备适应新情况的特性，因而可以继续繁殖下去。

　　许多种啮齿动物居于北方森林，靠丰富的针叶树种子、树皮和嫩芽维生。其中有红松鼠、金花鼠、鼯鼠和豪猪。

　　红松鼠是一种活泼好动、喜欢吵闹的啮齿动物，分布在全世界大部分针叶树林里，并且时常向南移入落叶林区。北美洲有两种红松鼠，一种就叫作红松鼠，另一种是喜欢吱吱叫的赤栗鼠。这两种都比欧亚大陆种小，并且条纹分明。在各种红松鼠中，又可从颜色和习性分为几族。例如西伯利亚松鼠的尾巴颜色，随其居住的树林类别而定。生在松林的，尾巴红色；生在冷杉林和落叶松林的，尾巴褐色；生在雪松林的，尾巴近乎黑色。红松鼠的主食是针叶树种子，因为要剥开球果的种鳞才能取得种子，所以花费时间很多。不过松鼠并非全靠种子维生，也吃其他植物食料，更吃昆虫的幼虫和鸟卵。松鼠以喜贮食过冬闻名。它们采集球果、种子和坚果收藏起来，倒是实情，不过并非蓄意作为过冬之需。事实上，冬天来临时，它们往往忘记了自己埋藏食物的地点。遗忘了的球果说不定会萌芽茁壮成长，松鼠在无意中做了造林的工作。

　　红松鼠时常年产两胎，尤以在分布区南部为然。每次产2~6只不等。

　　金花鼠是松鼠科中又细小又活泼的一种，主要在地面上生活；但居于针叶树林内的几个品种，都是爬树好手。北方树林的金花鼠少吃针叶树的种子和芽，多吃其他树木和灌木的坚果及浆果。这些动物住在地洞里，地洞通常都造在岩石或横在地面上的树干之下。地洞一部分铺着青草，为春天出生的幼松鼠做准备。金花鼠交配后约一个月就能生产，一胎 2~8 只。

秋霜初结，金花鼠便大事贮藏食物，因为它们与红松鼠不同，需要冬眠。冬眠时偶尔醒来便要吃预先贮藏的食物。金花鼠像其他松鼠一样，协助树林播种，因为它们也往往找不到自己埋藏种子的地点。金花鼠每年换毛 2 次，夏天时毛色较为鲜明。

袋鼠繁殖解密

大袋鼠的繁殖一直是个谜，直到 20 世纪 60 年代，生物学家才将这个谜彻底揭开。大袋鼠在 1—2 月交配。交配期结束后，雌兽即离群隐居在草丛中，过着孤独的生活，直至分娩。母兽受精以后有奇特的"迟缓"现象。大袋鼠的受精卵分裂到 100 个细胞左右时，如果遇上了气候特别干燥的不利条件，发育会停止，暂时封存在子宫里。等到气候条件适宜时，封存的胚胎重新开始发育，并约于 5 个星期后分娩。大多数哺乳动物都在母体子宫内发育，由胎盘提供养料。袋鼠没有胎盘，所以幼崽的胚胎在子宫的生长时间较短，到子母兽的育儿袋中再吮吸乳汁继续发育。

母兽临产前，一般是产崽前 2 个小时，会认真清理育儿袋中的杂物。然后背靠一棵树坐下，把尾巴从两条后腿中间向前伸出，静候孩子出生。大袋鼠大多数一胎一崽，少数是双胞胎，偶尔也会一胎四崽。新生幼崽十分小，只有约 2.5 厘米长，体重相当于母体重量的1/30 000。此时幼崽身上无毛，浑身通红，眼睛和耳朵都闭着，十分难看。

那么，幼崽是如何进入育儿袋的呢？这个问题一直困扰着人们。真相是幼

崽自己爬进育儿袋的。刚刚出生的小袋鼠看上去像一粒小红豆，尽管后肢十分微弱，前肢却已生出爪来。借助神经和肌肉的配合，它从母兽的泄殖孔出发，顺着母体的尾巴爬到有袋骨支持的育儿袋里。一进育儿袋，它就四处寻找乳头，抓住四个中的一个便衔着，把身子挂在上面，继续发育成长。所以，有人说大袋鼠的幼崽是从乳头上长出来的。

小袋鼠在育儿袋里长到约 160 天时，才向外探出头来，200 天以后，它便开始离开育儿袋，到外面活动。小袋鼠在母兽的保护下活动，经常从育儿袋里钻出钻进。离开育儿袋后，小袋鼠经过 3～4 年时间，方才长大成年。

动物们的自杀行为

动物界昆虫类的自杀事件似乎不是很多，但这些低等动物的自杀内因往往令人不解。蝎子自杀就是其中一例。

动物学家发现，无论是在自然条件下还是在实验条件下，蝎子对火都畏若神明。如在野外遇火，便躲在碎石下、树叶下或土洞中不出来，要是大火把它们团团围住，便只见它们弯起尾钩，朝自己背上猛刺一下，然后便软瘫在地上，抽搐着死去。

有人认为蝎子的这种自杀行为是在进化中形成的，是古代蝎子恐火的脾气遗传给了后代的缘故。也有人对此提出异议，因为解剖学家和生化学家证明，蝎子并不是死于自己的蝎毒。

也有人认为，蝎子天生习惯于阴暗、潮湿的环境，一旦见到光明，便本能地弯起尾巴，假装自戕而死，这样更有利于保护自己。事实究竟如何？尚待揭示。

在欧洲北部挪威的高寒地区，生长着一种奇怪的小老鼠。

它们黑褐色的皮毛中夹杂着白斑花点，短小的身躯不过成年人手掌那么长，由于它有迁移的习性，人们叫它北欧旅鼠。以上所述并不能构成它令人奇怪的根本点，令人不解的是每隔三四年，人们就看到这种鼠大批大批地集体在挪威海岸投海自杀。

从最早的目击者记录至今已 100 多年了，这种现象至今仍然有增无减地继续并有规律地发生。这种现象虽然早已吸引了有关专家的注意，但至今仍无令人信服的权威性答案。

有人认为迁移是旅鼠为求得生存而采取的手段，早在 1 万多年前，它们就有规律地跨越波罗的海和北海到对岸的陆地另觅乐土，那时海峡尚窄，泅渡到对岸很容易。

后来，由于自然界沧桑更移，波罗的海和北海海面越变越宽，海浪越来越湍急，而旅鼠对这一切却毫无所知，依然按老习惯兴致勃勃地企图游过海到达对岸，一旦它们毫不犹豫地跳入海中就由于无力抗击海流的巨大冲力而整批整批葬身大海了。对持续这么久的周期性大规模自杀现象，以上的解释无法回答人们的进一步疑问："难道旅鼠们就不能从一次又一次的惨败中吸取教训，再寻路线？"

还有人认为旅鼠的投海行为是动物界"计划生育"的手段，这种鼠繁殖能力极强，一只雌鼠每年至少可以生 10 只小鼠，而鼠仔 6 周后性成熟，又进入繁殖期。

若每次繁殖有一半是母鼠，则每年之内可由一只母鼠发展到三四千只。由于"鼠口爆炸"造成居住地食物供不应求破坏了这种鼠界的生态平衡，为了维护其与自然界的生态平衡，它们当中许多不适应生存的成员，便明智地选择了自杀。

当真如此的话，人类该对一百多年来英勇为同类捐躯的旅鼠们的壮举示以敬意了。事实当真是这样的话，造物主也未免有些失策。为什么不削减这种鼠的繁殖能力，却把那么多无辜的生灵逼入海底？多么希望人类能早日揭开这则谜底。

常言道："人为财死，鸟为食亡。"

按常理，轻生之举，跟鸟类无缘。因为在我们的印象当中它们都是些活泼开朗、能歌善舞的乐天派，怎能自寻死亡呢？

很久以前，一个风雨交加的夜晚，印度北部有个小村庄的一伙村民，正打着火把，焦急地寻找一头失踪的水牛，忽然发现大群的鸟儿迎着火光飞来，纷纷落在地上。

由于这里粮食不足，村民们经常挨饿，见到这些送上门来的鸟儿自然是惊喜万分，美餐一顿。打这以后，每逢刮风下雨的晚上，村民们便打着火把，在院子里坐等飞鸟送上门来。这种世上罕见的群鸟自杀现象已持续将近百年了，无人知晓个中究竟。

近年来印度动物研究所和阿拉姆邦林业局为了揭开鸟类自杀之谜，在村庄附近设立了一个鸟类观察中心，修建了一座高高的观察塔。

他们收集到的飞到这个村庄寻死的鸟共有将近 20 种，有牛背鹭、王鸠鸟、绿鸠鸟、啄木鸟和 4 种翠鸟，还有许多叫不出名字的鸟。

观察中心还在这里修建了鸟类图书馆和饲养场，把飞到这里的活鸟弄来饲养。奇怪的是来寻死的鸟拒绝进食，两三天内便都死了。看来它们真是些乐死忘生的鸟类。

有人认为这种现象可能与这里的地理位置有关。黑暗、浓云密雾、降雨和强烈的定向风是这些鸟类诱光的必不可少的条件。那么这些鸟都是从哪里来的呢？只因诱光，便非得集体与火同尽？更有那些自寻而来的鸟为何拒绝进食？看来这种解释还不能算是群岛集体自杀的科学谜底。

动物的迁徙极少出错

世界上有许多种动物有着奇异的远行能力。每年 6 月中旬，夜幕一降临，便可见成群结队的绿海龟从南美洲的巴西沿海出发，历时两个月，行程 2000 多千米，到达远航的目的地——全长仅几千米的阿森松岛。

晨曦中，沙滩上绿海龟蠕蠕而动，原来它们是旅行结婚来了。

接着，雌海龟选中了地盘，把后肢的长趾伸进沙里，左右开弓，缓慢而有节奏地挖好了一个深坑，开始产卵。

然后，它们就用后肢把卵盖住。位于赤道附近的阿森松岛，这个季节天气晴朗，阳光普照，海滩上的细沙不断吸收着太阳光的热量，像一位忠实的母亲，使埋在沙中的龟卵渐渐孵化。两个月后，小海龟纷纷破壳而出。这些小生命也和它们的父母一样性急，它们争先恐后地爬向大海，结伴远航，游回双亲生活的地方——遥远的巴西沿海。它们也要寻本追源，落叶归根。

这种奇异的本能，鸟类也并不逊色。短尾海鸥每年迁徙飞行两次跨越赤道。4 月间它们离开大洋洲的产孵地，经印尼、菲律宾、中国台湾、日本、阿留申群岛和美洲西海岸，兜太平洋一大圈，9 月间又飞回原地产孵地。

身长不到 4 厘米的北极燕鸥习性更是特别，它营巢北极，每年 6 月产孵育雏，而到 8 月便携儿带女飞往南方。12 月到达南极附近，一直等到来年 3 月，再向北极迁飞，每年飞行 3.5 万千米，历时 7 个月。

中国的野鸭、大雁春季飞到较远较冷的地区繁殖幼雏，秋季又飞回原栖息地，是人们熟悉的随季节变更而迁徙的陆地候鸟。

昆虫也有长途迁徙飞行的习性。别看那些小小的昆虫十分瘦弱，却能飞越很长很长的距离。生活在美国的一种蝶王，竟可迁飞到墨西哥。

但是各种动物怎么知道它们什么时候应该启程？在漫长的旅途中又凭借什么辨别方向，认识路线？这是揭开迁徙奥秘，揭开奇妙的远航之谜的关键。科学家为此绞尽了脑汁。可是迄今为止，这些奥秘尚未能充分揭示出来。

"正点返巢"的归燕

在南美洲秘鲁有个伊克特什小城，每年4-8月份的傍晚，当圣保罗教堂的钟声敲响6点之后，便有成千上万只燕子朝阿马斯广场疾速飞来，霎时，遮天蔽日，竟把晚霞都盖住了。令人感到不可思议的是，在阿马斯广场附近就有茂密的森林，燕群却一个都不去栖息；在只隔数英里的镇边另一个广场，那里环境幽雅，树木繁多，燕子也不肯光顾。

居民们注意到这个异常的现象，曾故意跟燕群开了一次不小的玩笑：将阿马斯广场上的树枝全部砍光，但是到傍晚的时候，随着教堂钟声的余音，燕儿又准时地飞来了。只见砍光的树丫枝条上，燕子上下翻飞、盘旋而叫……在这里，即使在不同的月份里，太阳落山的时间不一样，这些成群结队的燕子也会准时聚集在一起。

在中国浙江省绍兴市也有这样的"归燕奇观"。据清末以来的历史记载，每年的 5 月中旬以后，每天下午的 5 时左右，燕子便开始向市区夜宿的地方靠拢。待到 6 点钟，那最热闹的市区上空，就会一下子聚集起无数燕子，在天空中形成直径约 100 多米的聚燕"云朵"。

人们对这罕见的归燕聚会，曾提出种种猜想，如"鸟类的本能""生物钟奥秘"、候鸟的"磁觉定向"或"日月星辰导航""动物的第六感觉"等。可是"正点返巢"的归燕，其真正奥秘是什么呢？至今尚无科学定论。

让人惊讶的蚂蚁行为

科学家们发现，生活在南美洲的蓄奴蚁竟然是靠掠夺、蓄养奴隶为生的，它们就像是我们人类社会的奴隶主那样实行王国统治的。蓄奴蚁是一种非常强悍的蚂蚁，它们没有兵蚁、工蚁之分，几乎所有的工蚁都变成了兵蚁。这些蓄奴蚁大都懒惰成性，从不进行造巢、抚幼、觅食、清洁工作。看到这里，读者不禁要问，它们是如何生存的呢？

原来，蓄奴蚁都勇猛好战。它们通过发动战争，闯入其他蚂蚁的巢穴，将其他蚂蚁的幼虫和蛹掠夺过来抚养长大，使它们最终成为蓄奴蚁蓄养的"奴隶"。像蓄奴蚁懒得去做的如造巢、抚育

幼虫、觅食、打扫卫生等种种繁重的工作都会让它们去做。由于"奴隶"蚁寿命很短，为了补充"劳动力"，蓄奴蚁就会不断发生战争。

一种叫红蚁的蓄奴蚁长期过着"剥削"的生活，它们衣来伸手、饭来张口，懒惰成性，竟然丧失了独立生活的能力。这种蓄奴蚁宁愿饿死也不肯自己张口取食，就算食物就在眼前也要"奴隶"蚁侍候着喂食。

蚂蚁虽小，可它们的力量却不可忽视。有人曾在非洲看见一只大老鼠不小心闯进了蚂蚁的阵营，几秒钟之内，这只大老鼠的身上就爬满了黑色的蚂蚁。一会儿工夫，只见地上血淋淋的鼠肉连续不断地被运回蚂蚁巢穴。5小时之后，那只活蹦乱跳的大老鼠就只剩下一副骨头架子了。

在南美洲的热带丛林里，生活着很多种类的蚂蚁，其中最厉害、最凶猛的当属食肉游蚁了。当食肉游蚁来"拜访"人类住宅时，人们就得提防着它们的攻击。尽管它们会让人心惊肉跳，但房屋经它们"光顾"以后，屋里的蟑螂、蝎子等害虫就会一扫而光，其效果是杀虫剂也比不了的。

在草丛里，食肉游蚁若碰上了别的动物，它们就会成群地聚集起来，群起而攻之。一次食肉游蚁遇上了一条睡在草丛里的毒蛇，它们立即把毒蛇团团围住，并逐渐缩小包围圈。然后，一些游蚁冲上去狠狠地咬住毒蛇。蛇受痛惊醒过来后，凶狠地向四周冲撞，可是食肉游蚁并不放松，迫使它不断退缩回来。游蚁们同毒蛇扭成一团，边咬边吞食着蛇肉。这样，不过几小时，地下就只剩下一条细长的蛇骨架了。

蚂蚁非常聪明，其自身有一种化学信息素会在蚁群的集体行动中发挥出神奇的作用。搬运食物时，它们会散发出气味，形成一条"气味走廊"。它们还能发出警戒激素，接收到这种警戒激素的蚁群就会做好防卫或逃离的准备。

有一次，几只蚂蚁一起抬出了一只强壮的蚂蚁。这只蚂蚁一次一次地爬回到蚁巢里，但很快又被蚁群一次一次地抬出洞外。这是怎么回事呢？

原来，那只蚂蚁身上沾上了死蚂蚁的气味，回巢后，引起了蚁群的误会，蚂蚁不允许洞内有"死亡气味"，也不管你是死是活。

于是，众蚂蚁把它当作死尸抬出洞外，不管它如何挣扎，直到它身上的那种气味完全消失了，才被允许回巢。

夏日里，人们常常能看到成群的蚂蚁在一团混战，一直杀得天昏地暗，蚂蚁为什么这样好战呢？原来，不同窝的蚂蚁身上都有一种独特的"窝味"，因此能分辨出对方是不是"自家人"，如果不是，就有可能厮杀起来。

如果其他同窝的蚂蚁看见了，就会立即赶来增援，一场血腥"大战"就这样开场了。原来，除了掳掠奴隶的蓄奴蚁外，别的蚂蚁也一样好战。有趣的是，如果去掉正在拼杀的蚂蚁身上的"窝味"，它们便会相安无事地走开。如果把自窝的一只蚂蚁沾上香料让它回到窝中，那么同窝的马上会把它当作异己分子驱赶出去。

人们还发现了一个有趣的现象，蚂蚁经常会跟在蚜虫后面。经过研究后才知道，蚜虫在蚂蚁触角的按摩下，会分泌出"乳汁"。担任"运输工"的蚂蚁就会从伙伴手中接过乳汁，运回巢中。在蚂蚁的按摩下，有些蚜虫能不断分泌蜜汁。例如一只椴树蚜虫能分泌23毫克蜜汁，超过自身体重的好几倍。

最大的黑树蚁"嗉囊"的平均容量为2立方毫米，而褐圃蚁只有0.81立方毫米，全体"搬运工"要将5升蜜滴运回蚁穴就必须往返数百万次。负责按摩的"挤奶员"占蚁群总数的15%～20%，它们每天要"挤"25次"奶"。

一棵老树根上大约有2万个黑树蚁家庭营巢，它们能在一个夏天得到寄生在豆科植物上的蚜虫分泌的高达5107立方厘米的"奶汁"。为了保证蚜虫的生活，蚂蚁会不惜花费大力气来修建"牧场"。

在聚集大量蚜虫的枝条的两端，它们用黏土垒成土坝，形成一个牧场，土坝上开的两道缺口就是牧场的"入口"和"出口"。为避免有"小偷"混入，两边"拱门"都会有蚂蚁重兵把守。当"牧场"的蚜虫繁殖过多时，蚂蚁就会把多余的蚜虫转移到新的地方。为了保护和抢夺蚜虫，不同家族的蚁群经常会

展开战争。

令人费解的是，没有蚂蚁的地方绝对找不到斯托马菲奈夫蚜虫。蚂蚁甚至会把蚜虫的越冬卵也保存在蚁穴里，像照顾自己的孩子一样照顾着虫卵。

春天，蚂蚁会把从卵中孵化出的小蚜虫小心翼翼地护送到幼嫩的树梢上。

研究者发现，没有蚂蚁有力的按摩，斯托马菲奈夫蚜虫就不会产生蜜汁，而这些蜜汁又是蚂蚁们的"佳肴美食"。

让科学家感到惊讶的是，有的蚂蚁还会种蘑菇，这就是生活在南美的一种切叶蚁。切叶蚁整天在枝叶繁茂的大树上爬来爬去，如果相中了哪一棵果树，它们就会用大颚切光满树的叶子，只剩下光秃秃的树干。

所以，果农们对这些破坏树木的家伙讨厌极了。不过，切叶蚁并不喜欢吃树叶，而是把切碎的叶子搬回蚁巢，再用大颚将碎叶反复嚼成碎屑，堆入一间间的"蘑菇房"，还在其上排泄粪便并用来栽培蘑菇。不久，碎叶堆里就会长出一种小型蘑菇。

等蘑菇长大后，切叶蚁咬破蘑菇的顶部吸吮破口处分泌出来的黏液，这种黏液就是蚂蚁们的第一道菜。物体表面积聚了很多蛋白质，会慢慢变得黏稠，这些蛋白质就是切叶蚁的第二道菜。有趣的是，年轻的雌性切叶蚁会在自己的"嗉囊"里装上蘑菇碎片去为自己另辟新家。雌蚁们在新家里种下带有孢子的碎蘑菇，孢子萌发后又会长出新蘑菇。

让人不可思议的是，这种小蘑菇只有在切叶蚁的蚁穴中才能看到。如果没有切叶蚁的帮助，它们肯定早就绝种了。看来，切叶蚁完全可以申请"种植专利权"了。

河豚的易容术

这是一种身上有着几道粗细不一的彩条的鱼。在鱼身上从背部到腹部分布的彩条，像是穿着一件漂亮的"T恤"。奇怪的是，它一露出水面，身子便像气球充了气一样，很快膨胀起来！这就是河豚，一条横带河豚。

说它是河豚，其实它是海洋鱼类，不过有些河豚有时会沿着流入海洋的河流逆流而上。为什么河豚要使自己的身体膨胀起来呢？它又是怎样使身体膨胀起来的？

很多动物都有独特的自卫措施。河豚的自卫措施便是让自己的身体迅速扩大，使敌人觉得碰到了一个怪物，因而惊慌失措，甚至退缩逃跑。这一招还真的挺有效，常常使河豚转危为安。河豚之所以能给自己"充气"使身体很快膨胀起来，是因为在它们的腹部有一个同胃相通的袋状物，当它们把空气吸进这个袋状物中时，身体就不断扩张。

　　河豚的这一招，被其他的鱼类看到了，于是，它们便冒充河豚。瞧，水中一条身"穿"与横带河豚的"T恤"色彩和花纹都很相似、体型也与横带河豚相仿的鱼。这时，前方游过来一条凶猛的大鱼，它在寻找着猎物。若这条大鱼发动攻击，那条穿"T恤"的鱼肯定是跑不掉了。可是那条大鱼盯着"T恤"看了一会儿，一偏头一摆尾，朝别的地方游去了。

　　原来大鱼把这条鱼当成有毒的横带河豚了，所以没敢下嘴。其实，这条鱼是无毒的鞍斑单棘豚，它用逼真的"伪装"，骗过了不少凶猛的鱼。而这种把自己"打扮"成别的有毒水生动物的鱼，不仅仅只有鞍斑单棘豚，还有一些别的鱼类。这也是动物在长期的生存竞争中，为了避免被吃掉，经过长期的"模仿"而形成的。

第四章

动物的生存奥秘

对于猎物来说，结伴出行可以为自己增加安全感，对于猎食者来说，成群出现意味着杀伤力更大。在物竞择天，适者生存的大自然中，弱小的动物如何才能保护自己、让自己在残酷的环境中生存呢？

骆驼为何能驰骋荒漠

骆驼能在沙漠中生存的本领，被人类利用得太久了，所以目前尚存于世的真正野生骆驼为数极少，并且全部都是双峰驼。

骆驼科动物原产于 1000 万年前的北美洲。这科动物包括美洲驼、羊驼、骆马、原驼等。它们的远祖，越过白令海峡陆桥，到达亚、非两洲，经过漫长的时间，演化出有两个峰的双峰驼和人类驯养的单峰驼。

现存的单峰驼除因偶然跑脱而变成野骆驼外，都是人工驯养的。但蒙古的戈壁滩中仍有真正的野生双峰驼。这些野生骆驼身披褐色短毛，体型瘦削，与长毛而身体粗壮的驯养种比较，有显著的区别。从史前时代起，双峰驼与单峰驼便已成为人类在沙漠旅行时不可缺少的伴侣。身体高大修长的单峰驼，在中东及北非的炎热沙漠中用作旅客的坐骑和驮兽。

双峰驼冬天有深色的长毛，四肢短而粗壮，较适宜亚洲中部的高山及寒冷沙漠环境。骆驼善于适应干燥环境。长久以来，一般人相信骆驼的胃囊或驼峰可以储水，可是这种说法并无根据。

驼峰内储藏着的其实是脂肪，正因为有绝缘作用的脂肪集中在一个地方，骆驼身上的其余部分，就像个散热器一样，把体热散发出去。

骆驼用水非常节省，因排尿而失去的水分也非常少，而且要在体温升到约40℃时才开始流汗。到了这时，白天通常快要过去了，骆驼又可以在夜间清凉的时候，慢慢地散发出积聚的体热。

大多数哺乳动物，在炎热而干燥的空气中过分失水，便会因突发性中暑而死。由于身体流汗时失去水分，要抽取血液中的水分来补充，结果血液变得很浓，以致循环速度减缓，无法把体内的代谢热带到皮层去散发，于是体温骤升，跟着就是死亡。一个人严重失水时，因水分减少而损失的体重，约为体重的12%。

但骆驼能损失等于体重30%的水而无显著痛苦。骆驼失去的水分，以来自肌肉组织为主，对血液影响不大。一只因脱水而消瘦的骆驼，大约能喝下30加仑水，而不会有水中毒的危险。一个脱水的人，若以同样的速度补充失去的水分，便会死亡。骆驼的卵形红血球能够很快地膨胀，变成球状，吸收突然增加的水分而不致破裂。

骆驼身体组织重新获得水分后，很快便恢复正常体重。骆驼喝水，通常只是为了补回因失水而减轻的体重。炎热地方的沙漠中，骆驼冬季因为以多汁的植物为食，可能完全不用喝水。到了夏天，骆驼又可以完全吃无汁的植物生存。

双峰驼的交配期在1—2月，单峰驼的交配则在雨季完成。在交配期间，雄骆驼的脾气变得很坏，时常打斗，用长犬齿咬伤对方。

单峰驼的妊娠期约为1年，双峰驼则起码13个月。幼骆驼一出生就很强壮，一天之内可以跟着其母到处跑，哺乳期为3~4个月。

戈壁沙漠中的野生双峰驼喜结小群而居，每群有一两只雄性和3~5只雌性不等。它们睡在空旷的地方，白天进食，可吃任何植物。双峰驼春季移走到分布区北部，秋季才返回南部。

动物如何在荒漠中生存

　　沙漠地区无规律的稀少雨量，也可维持植物生长。有些植物会休眠多年，待有足够水分时才开花结子。

　　沙漠是地球上最干燥的地区，那里所得的雨水，是季节性的雨水，而且分布不平均。沙漠上方晴空万里，空气干燥，绝缘作用很低，因此白天温度剧升，使空气更为干燥，到了晚间气温下降。

　　风使沙漠更干燥，由于缺乏浓密的植被，吹起来毫无阻挡，把岩石风化成砂粒，还卷起阵阵沙暴。沙暴的磨蚀力，又加快磨损的速度。沙漠的环境，严重限制植物生长。大部分雨水都在雷暴时落下，不是迅即蒸发掉，就是在焦干的土地上奔流，常会造成损失。白天灼热，到晚上又会因寒冷而有霜冻，这样更进一步影响植物生长。

　　在极干旱期间，一些植物只能从空气中吸收水分。

　　晚上气温下降，空气中的水分分量虽不变，相对湿度却上升，使露水凝聚在植物或其他植物的表面上。这些从夜间空气中吸收水分的植物，让昆虫、蜗牛及其他小素食动物间接获得所需的水分。

　　沙漠天空晴朗无云，白天使水分蒸发加速、地面气温上升。沙漠所吸收的太阳辐射约为90%；较潮湿的赤道地区则只能吸收40%，因为大部分辐射为云层、尘埃、水和植物所吸去。不过，到了晚上沙漠却会丧失90%的累积热量，而较湿的地方，则只失去50%。

　　泥土为沙漠动物提供最佳的绝缘体，使他们免受暴冷暴热的煎熬。白天的地面气温虽然可能高达84℃，如在苏丹的哈尔法，但在地面下不大深的泥土中，情况却远较地面上容易忍受。在撒哈拉沙漠地面下20英寸深处，日夜温度相差甚微。

在这个深度，松散沙粒周围空气中的湿度较高，对穴居的动物来说，有如活命的甘泉。

水是植物生活不可或缺的东西。在沙漠生存的植物，可分为避旱类和抗旱类。

避旱的植物又称为短命植物，种子可以休眠多年，遇天降甘霖，才急忙复苏，在短短数星期内匆匆完成生命周期。非洲产的波哈维亚紫茉莉，发芽后8～10天，即能结出成熟的种子。

这类植物能开艳丽的大花，没有深根或储水器官，只靠生产大量种子延续后代。金合欢、牧豆树等树木的根部，可能深入地下100多英尺，直达地下水。典型的抗旱多汁植物，只有小叶，甚或无叶，表皮厚而不透水，同时叶孔可以紧闭，这些特征都能减少因蒸发而散失的水分；此外还常有巧妙的储水方法，水可能储在块茎根、肉质茎或叶内。

沙漠中最著名的植物，大概要算是仙人掌和大戟属植物，其肉质组织能贮大量液体，四散的浅根又可吸收地面水分。

其他沙漠植物虽经得起水分散失而不死，但在干旱期间都进入休眠状态。

常见的沙漠植物，多半已演化出一套自救方法，免受动物啮食。灌木和仙人掌满身长刺，亲酚树则有又臭又辣的树液。

干旱的地区虽然受烈日炙晒，却仍有很多种动物在那里生活，所以这些动物都能忍受酷热和久旱。

水是生物不可或缺的必需品，但在沙漠地区里，水源非常缺乏。在这些地区生长的动物，不得不演化出各种方法来躲避、忍受或控制高温，借此保存体内的水分。

现在陆生动物的远祖，最初从海中爬出或跳出来后，便渐渐适应了陆上升降不定的气温；有些更演化出不透水的皮层，以减少水分散失。

定居在沙漠地区的动物，有更进一步的适应变化，一些沙漠动物，养成掘穴而居的习性，借此躲避地面上暴冷暴热的气温变化。另一些动物则长出癯硬和不透水的外皮，可以减少体内水分散失。

　　更有一些为求适应环境，把身体的构造改变，可以只靠蕴藏在食物中的水分，身体各部的机能就能正常工作，因此绝少喝水，其中有些甚至终生不用喝水。

　　陆生动物可在三种情况之下散失体内的水分：从身体表面蒸发；呼气时把水分呼出；排泄时把水分排出体外。在沙漠生活的动物，有各种方法对付这三种散失水分的情况。

　　蝎子、爬虫等动物，身上长出几乎不透水的外皮，以减少水分散失，使它们能适应沙漠的生活。骆驼之类的动物，比潮湿地区的哺乳动物更能忍受酷热，它们的体温有较大的高低变化，以减低因出汗和喘息而失去的水分。

　　许多较小的沙漠哺乳动物呼气时，在空气离开鼻孔前，先把空气冷却，其中的水分因此在鼻内凝结，而不致化为水汽呼出体外。

　　就化学组织来说，所有动物的身体大部分由蛋白质组成，而且由于细胞不断起到新陈代谢作用，死细胞的蛋白质依照原来的组成成分，分解为各种氨基酸。这些氨基酸，加上由消化食物而产生的多余氨基酸，再进一步分解发出氨。这种化学物质有毒，动物为了保护自己，把氨与其他物质化合，制成无害的尿素或尿酸。

　　哺乳动物和若干爬虫都会合成尿素，尿素必须溶于液体排出体外。鸟类、大多数爬虫和昆虫，为了减少消耗水分，只排泄一种含氮的结晶状化合物。科学家以前认为，这种化合物由尿酸构成，近期的鸟类研究却指出，这种结晶体比较单纯的尿酸更为复杂。沙漠哺乳动物的肾脏则把尿液浓缩，使同等分量尿液中所含的水分，较其他动物尿液中所含的少。

　　沙漠动物不但要减少水分散失，还要能以少喝水维生。许多动物从所吃的植物或动物中吸收水分就能生存。

　　所有动物都能在体内的氢原子和氧原子结合时，制成代谢水。沙漠动物几乎可以单靠这种代谢水维生，有些即使以干种子为食，也能产生这种水。另一方面，非沙漠动物如无外来的水分供应就会丧生。有些节肢动物，即包括昆虫和蜘蛛的一大类，能用外皮从空气中吸收水分。

　　钻穴而居或藏身缝隙之中，是沙漠动物躲避烈日最常见的方法。洞穴缝隙为动物提供一个较温和的气候。地面非常干燥时，这些地方都较为湿润；上面炎热时，下面较凉快；到了上面寒冷时，下面又较温暖。

许多沙漠动物的身体，都有特别的构造，协助它们掘地穴。沙漠蝎子的螯肢特大，最适宜掘地。一种称为非洲大钳蝎的蝎子，钻入地下约 3 英尺（0.91米）深。蜥蜴的楔形头颅可以把沙劈分。有几种甲虫的身体，扁平有如碟子，只需向左右摆动，就能钻入沙里。

靠钻入地下去躲避沙漠表面暴热或暴冷气温的，主要是小动物。但所有沙漠动物，不论大小，在行为和身体构造方面都有适应沙漠中特殊环境的特征。很多种动物都要躲避白天的酷热，到了晚上才出来活动。

另一种动物，例如会沙泳的蜥蜴及蛇等，可以像跳水般以头向前在沙中行进。这类爬虫通常都生有朝向上方的鼻孔，以免沙粒钻入鼻孔里。一些蜥蜴的眼睛，生有阔大的眼睑，能像睫毛般垂下保护眼球。

许多会沙泳的蜥蜴没有腿，或只有很短的腿。其他蜥蜴则脚上长有流苏，可以迅速在沙上行走或钻入沙中。

许多动物在相隔很远的沙漠中生活，彼此虽无亲属关系，但经演化后变得非常相似。这种现象称为趋同演化，主要由适应沙漠生活所引起的问题产生。不论在亚利桑那州、非洲、亚洲还是在澳洲，这些问题往往是一样的。

美国的荒漠鼠和非洲的跳鼠，同样以特长的后腿迅速跳跃来逃避天敌。北美洲的长耳大野兔、其他产于非洲和亚洲的种种沙漠野兔等昼伏夜出的沙漠动物，都生有一对大耳朵。大耳朵能散发体热，因此对沙漠动物特别有利。

动物如何活动

蚂蚁是怎样沟通的

科学家好不容易才弄清蚂蚁的通讯方式，因为蚂蚁与人类不同，不靠视觉与听觉信号沟通。

我们最容易观察到的，就是蚂蚁以身体接触来传讯，例如轻拍、轻抚。有时以前脚轻摸同伴的上唇，同伴就会吐出流质食物供应。

蚂蚁也能以声音传讯，只不过是从腹部表面的发声板发出的摩擦声，频率很高，我们的耳朵听不见。蚂蚁也不"听"，它们是以脚上的侦测器接收声波引起的土壤震动。蚁巢崩塌后，深陷地底的蚂蚁就会"尖叫"，让同伴来救援。

蚂蚁主要以化学信号传讯。它们全身有许多腺体，分泌费洛蒙——费洛蒙就是通讯的体外激素。例如找到食物的工蚁，回巢时一路上腹部末端都会分泌费洛蒙，好引导同类。

蚂蚁分泌的费洛蒙不下 20 种，作"单字"时各有意义，又可组成"片语"，传递复杂信息。

蚂蚁的社会秩序基本上由蚁后的费洛蒙维持与控制。它分泌的费洛蒙中有些用来吸引子女在巢内生活，有些用来压抑子女性腺的发育。

兵蚁也会分泌抑制弟妹发育成兵蚁的费洛蒙，因为巢里各种"职业"的"蚁口"，维持一定比例才有利于整个蚂蚁群落的生存、发展。

梅花鹿古时竟是宠物

5000 年前，梅花鹿是上海先民的宠物，根据上海考古专家新近在上海松江广富林遗址的发掘成果推测：当时的上海人丁兴旺、稻米飘香、果树成林，而且鹿群徜徉。

总面积 10 万平方米的广富林遗址是上海地区最大的良渚文化遗址。2001 年 11 月 20 日至 2002 年 1 月底，上海市文管会考古部门对这一地区进行了连续三个年度的发掘，在新出土的文物和遗迹中，梅花鹿频频亮相。

此次考古的最大发现是一件腹部刻着梅花鹿和带柄钺的陶尊。在陶尊上，梅花鹿头上长着大角，体形优雅大方，先民把它和带柄钺的一种权杖刻在一处，显示它与权力有着密切关系。

在另外一项重大发现中，梅花鹿也扮演了重要角色。墓葬中发现了“用牲”的祭祀方法：先民在坟前埋下了鹿头和全猪。相比之下，梅花鹿作为祭品要比猪高贵，因为鹿只用头而猪用全身。

破解“猫有九命”之谜

猫在休息时，喉咙中常会发出呼噜呼噜的声音。有人认为这是猫在打呼，但美国科学家却发现这是猫自疗的方式之一。人们之所以称猫有 9 条命，与猫休息时打呼有密不可分的关系。

科学家指出，无论是家猫或野猫，在受伤后都会发出呼噜呼噜的声音。这

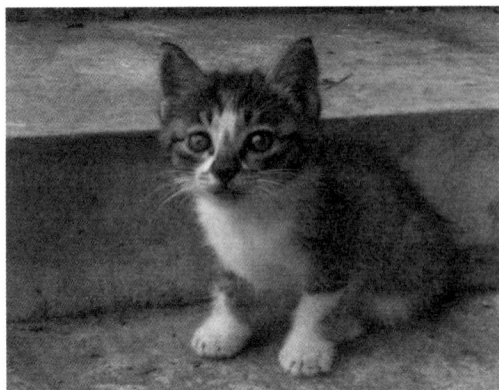

种由喉头发出的呼噜声有助于它们疗治骨伤及器官损伤。

科学家从人类实验中也发现，将人体暴露于如同猫打呼声的声波下，有助于改善人类的骨质。

美国北卡罗莱纳州区系动物沟通研究所所长马金瑟纳尔表示，由于猫科动物可借自己发出的声波疗伤，因此"九命怪猫"的传说并非荒诞不经。猫从高楼坠下不死，且迅速复原的例子比比皆是。最近一份研究报告指出，在调查了132起猫自平均六层楼高的高度坠下的案例后发现，其中90%都存活了下来。其中更有一例，猫自45层高楼坠下仍然存活。

大熊猫属于哪一科

众所周知，人们把所有的动物分成纲、目、科、属、种，大熊猫属于兽纲食肉目，但它到底是食肉目下的哪一科呢？

实际上，大熊猫到底是哪一科动物，就连动物专家都说不清楚。

大熊猫专家余建秋接受记者采访时说，自从1869年以来，对于大熊猫的分类地位，科学家们一直争论不休，还没有形成一致的意见，并形成了浣熊学派、熊学派和大熊猫独立学派等三大主流学派。

浣熊学派认为大熊猫只是一种大型的浣熊，它们在形态和行为生态上与浣熊科的小熊猫很相似，两种熊猫的染色体数目也差不多。

熊学派认为大熊猫属熊科，是一种高度特化了的熊类。大熊猫从体型大小、外形特征、尾的长短到脑颅结构、神经系统、脚型等均与熊类相似，特别是血清学、神经化学和分子生物学的研究表明，大熊猫与熊的亲缘关系非常密切。

大熊猫独立学派则指出了消化道长短、交配方式、生活领域、食性及大脑新皮质进化指数等一系列有别于浣熊和熊科动物的特征，主张将大熊猫独立为一科。

上述三种观点，各持证据，互不相让，争论跨越了三个世纪。在争论中，参加的科学家人数之多，利用的研究方法之新以及争论程度之热烈和时间之持久在世界野生动物研究中是空前的，这一切足见大熊猫的特别之处。

余建秋说，认为大熊猫独立成科的中外学者很多，目前国内的学术界一般将大熊猫当作独立成科看待。

幼象为何体味如蜜

对于幼年雄象而言，在未找到合适的伴侣时，它考虑的不是如何找到伴侣，而是首先在竞争中如何保护好自己的皮肤不受损害。

最近，研究者发现幼年亚洲雄象能向外界释放出类似蜂蜜的气味，意在向前辈们传达信息，希望它们避免因卷入求偶的激烈斗争中而受到伤害。

结果表明，雄象释放于空气中的生化信息素，在大象的社会行为中所发挥的作用要远比我们以前认识的更为重要。

一般而言，成年雄象一年中会出现几次发情期，其间常常是性欲大大增强，爱对同性发出袭击行为。为了警示同类，从雄象眼睛和耳朵间的腺体中会释放出气体和有味的棕色液体。

对人类而言，这些厚皮肤的"唐璜"们（西班牙传说中的淫荡人物）发出的气味，闻起来确实不爽。

来自美国俄勒冈州健康与科学大学的生化专家 Bets Rasmussen，对此进行了深入研究。他举例说，这种剧烈的难闻气味，就像一千个色鬼一起发出的恶臭一样令人恶心。相比而言，幼年雄象发出的气味则很甜，就像蜂蜜一样。

为了弄明白这些气味对于大象的意义，Bets Rasmussen 和两个合作者，将捕获的大象放养于临时加有两种腺体分泌剂的空间中，这两种物质包括幼年雄象分泌的甜味物质和成年雄象分泌的恶臭物质。结果发现，所有年龄段的雄象都没有对甜味腺体分泌剂发出挑衅行为，这一研究结果发表于近日出版的《自然》杂志上。

可是，成年雄象发情期发出的恶臭分泌剂，则传达了完全不同的信息。小于 13 岁的幼年雄象不愿意闻恶臭分泌剂发出的气味。幼年雄象经过青春期的发育，分泌物中会增加不安、暴躁的气味。

研究者的这些发现，表明这些幼年雄象发出友好的甜味，是为了在成年雄象争夺性伙伴时不被惊吓。

来自美国亚利桑那州立大学的神经生物学家 John Hildebrand 认为，目前科学界尽管都承认信息素在昆虫群体中的重要性，"但人们并没有真正认识到气味对于哺乳动物的重要意义"，对于脊椎动物体外化学信息研究来说，此项研究评价是极为重要的。

"汗血"是一种马病

"汗血马"是一种古老的世界名马，因其奔跑时脖颈部位流出的汗中有红色物质，鲜红似血，因此我国史书中如此称之。

中国马史专家认为，汗血马其实就是现在还奔跑在土库曼斯坦的阿哈尔捷金马。资料记载，被称为"汗血宝马"的阿哈尔捷金马是世界上最古老的马种之一，至今已有 3000 多年的驯养历史，是人工饲养历史最长的一个马种，其先祖是生长在偏僻的沙漠戈壁地带的野马。

据了解，这种马在平地上跑 1 千米仅需要 1 分 07 秒，速度之快令人惊叹。阿哈尔捷金马还是土库曼斯坦的国宝，它的形象被绘制在国徽中央。

中国古代视为"天马""神马"的汗血马学术研讨会曾在新疆乌鲁木齐市举行，专家们从各个角度探讨了有关"汗血马"的种种谜团，试图揭开"汗血马"的神秘面纱。

与会专家包括动物医学专家、史学家、文学家、考古专家等。动物专业学界就"汗血"到底是什么达成一致。大家普遍认同"汗血马"的"血汗"是一种寄生虫病的说法，认为这种"血汗症"只是一种病症，属马匹个体现象，与马匹品种无关。这种马病广泛分布于中亚地区各国、俄罗斯草原地区、印度次大陆、南非、东欧和中国新疆、云南及青藏高原。

这种病的病源为多乳突副丝虫，它们寄生在马皮下组织内和肌间结缔组织内。这种病常在每年4月份开始发病，七八月份达到高潮，来年又复发。

因为到了夏天，这种副丝虫就钻到外面排卵，这时就会刺穿马皮，尤其是在晴天的中午前后，病马的颈部、肩部、鬐甲部及体躯两侧皮肤上就会出现豆大结节，结节迅速破裂后流出的血很像淌出的汗珠。

在中国历史上，"汗血马"曾经数次引入。但近代以来，"汗血马"在中国似乎消失了，至今也没有留存下纯种的汗血马。

无脊椎动物怎样生存

现存各种动物中，约95%是没有脊椎的，称为无脊椎动物，例如龙虾与瓢虫、海绵与蜘蛛、蚊子与贻贝、珊瑚与蛤等都是。无脊椎动物种类繁多，除了没有脊椎之外，彼此别无共通之处。

它们有些吃肉，有些吃草，更有些寄生在其他生物身上；有些跑得奇快，有些则在海洋中浮游，有些甚至从来不移动；大小方面，有些小得肉眼看不见，有些身躯却长达50尺。

动物大都有骨架支撑或保护体内的组织，鼠类与人类的内骨骼，就是其中一种。若干无脊椎动物也有内骨骼，只是由不同的物质构成。比方说海绵有一个由二氧化硅或其他物质构成的精致骨架，支撑其软绵绵的躯体，由于海绵不

会移动，也不改变形状，这样的骨架便很足够了。

无脊椎动物中，有两大类比较特别：身上长有外骨骼，即骨骼裹着躯体，而不是藏在身体里面的。第一类包括蛤、蜗牛与大多数其他软体动物都生有酸钙质的外壳（石灰岩也是由碳酸钙构成的）。

第二类是昆虫、蜘蛛、蟹等节肢动物，有由几丁质组成的外骨骼，化学成分类似植物纤维素；节肢动物的外骨骼也各有不同，昆虫的外骨骼多半纤薄柔韧，龙虾与蟹的则比较坚硬。

水母看似松软，其实摸上去是挺坚韧的。水母体内虽然没有内骨骼，也没有外壳支撑躯体，却能保持形状，因为其胶质的躯体满布结缔组织纵横交错的坚韧纤维，加上水母不断把水灌进体内，所以能保持坚挺，犹如充满气的橡皮筏子。海葵与蠕虫也有类似的骨骼支撑，称为水压骨骼。

无脊椎动物中虽有少数几种长得很大，体积最大的是巨枪蝼，但多半比人类或其他脊椎动物细小。

原因之一是无脊椎动物多半没有内骨骼，所以生长起来外骨骼（如蟹的外壳）便很难包容身体；如果骨骼坚硬能够抵受肌肉的拉力，骨骼就会十分笨重，行动因而受到限制。巨枪蝼能长得那么大，部分原因是它没有外壳，这是它与大多数其他软体动物不同之处。

陆栖无脊椎动物的大小受到体重限制，水栖无脊椎动物却没有这个问题，世界上最大的无脊椎动物就是生长在海里的。

南太平洋珊瑚礁间的巨蛤终年不移动，外壳可宽达 4 尺，重达 250 千克。连触手在内，可长达 55 英尺，重逾 1 吨。

反之，陆上最大的非寄生无脊椎动物是澳洲一种蚯蚓，只有 10 英尺长。

无脊椎动物种类繁多，繁殖方式各有不同。海绵与珊瑚较低等的无脊椎动物中，同一个体可做有性生殖（排出受精的卵子），也可做无性生殖（一分为二）。水母幼体沉到海床，固定不动，长出一行行芽体。芽体脱落之后，形成在水中浮游自如的新一代水母。

若干无脊椎动物，如蝴蝶、蟹等，则借雌雄交配繁殖。至于海胆与许多其他海洋动物，则在水中同时产卵兼排精子，受精与否完全听其自然。

雌章鱼会看守着产下的卵子，保持卵子清洁，还轻轻喷水供氧；有些雌蜘蛛把卵子与新孵出的幼体放在腹部；有些海星把小海星放在背上刺棘间；蜜蜂、黄蜂、蚂蚁、白蚁等群居动物，都悉心饲育幼虫至成长；雌蝎子与若干海星把卵子藏在体内，直至孵出为止；若干种甚至像哺乳动物孕胚胎般滋养卵子。

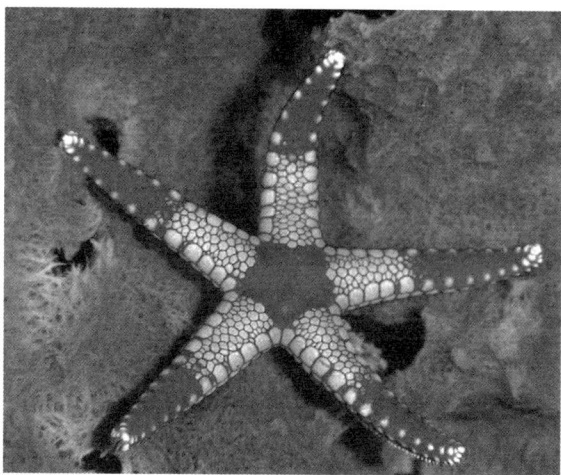

至于其余的无脊椎动物，大多数不会照料下一代。

无脊椎动物中，按躯体比例计算，章鱼的脑袋最大。无脊椎动物多半不需要我们所谓的智慧，光靠本能反应就能活命。海绵、海星等许多无脊椎动物，完全没有脑袋，一样活得好好的。但是有些无脊椎动物似乎也有学习能力，比方真涡虫之类的低等动物经训练后，会走简单的迷宫；蜘蛛经过反复尝试把蛛网结得更好；饲养的蜜蜂也学会辨认蜂巢漆上的颜色。

海星有几十条末端有吸盘的管足。根据从前的说法，海星以管足抱住蛤，不断地拉，蛤受不了便张开外壳。海星即翻出胃部伸入壳缝，把蛤活活消化掉。

但是最近在科学家观察之下，发现蛤壳尽管闭得紧紧的，仍留有一道微缝，足让海星把胃部伸进去把蛤肉渐渐给消化掉，壳缝就越来越宽。并不是所有海星都这样进食。

有些触手粗短的海星把猎物整个吞下，然后吐出壳来。另一些海星不吃蛤及其他有壳类软体动物，却吃寄居蟹、海胆，甚至其他海星。巨大的长棘海星喜吃活珊瑚虫，严重损坏许多珊瑚礁。

水生物的生存解读

科学家们通过长期的潜心研究探明：鱼类有着奇特的"语言"——声音信息。鱼的"语言"相当复杂，不同的鱼类有着不同的声音信息。

成群的青鱼会发出小鸟一样的吸吼声音；

沙丁鱼群会发出如同海浪拍岸的哗啦哗啦声；

小鲍鱼发出的声音像蜜蜂发出的嗡嗡叫；

冷球鱼则会发出犹如人打鼾的呼噜呼噜声……

其他的如黄鱼发出咕咕叫声；黑背鲲会发出沙沙声；驼背鳟的声音呼呼响等。

最早，人们认为鱼类发声是靠发声器官。但是，研究结果表明，鱼类没有专门的发声器官，而是利用它们躯体上的其他器官来"兼职"发声的。如产于长江流域的鲶鱼（又称江团）是用胸鳍发声的；产于我国北方寒冷海区的杜父鱼是用鳍条相互摩擦发出吱吱声，还有以一部分鳃盖摩擦发声的。

有的鱼是通过脊椎骨或与脊椎骨相连的其他骨骼的活动发声的，也有的鱼是用背鳍、胸鳍和臀鳍的摩擦发声的，而最多的则是用鳔发声的。

鱼的鳔有各种形状，心形、梨形、菱形等，它们之间大小相差悬殊，结构很不一样，而且不同鱼对鱼鳔的作用方式也不同：有的用肌肉在鳔上敲打，有的在鳔上像拉胡琴似地往返摩擦，有的则用肌肉收缩把半个鱼鳔中的空气挤到另外半个鱼鳔中去，因而它们发出的声音各不相同。

鱼类发声是同类间交流信息的一种方式，是它们的语言信息。据鱼类学家研究，鱼类主要有四种语言信息：求偶、警告、报警和呼救。

许多鱼类在产卵繁殖季节，会聚集在一起，发出各种信息。如鲑鱼、雄鱼会发出嗒嗒声，表示向雌鱼求爱，雌鱼若表示同意，便会发出咯咯声，于是它们就结成配对，从鱼群中游出去，到外地度"蜜月"去了。其他如淡水鲈鱼、斜齿鳊也用类似方式进行求偶。

在同类鱼当中常会发生领地之争和"情敌"之争。如珊瑚鱼喜欢栖息在海葵身上，借助海葵的触手来庇护自己。

如果有一条珊瑚鱼已占领海葵作为自己的领地，这时要有其他珊瑚鱼闯入，那么先入主者便会发出嗵嗵声以示警告。

非洲丽鱼常常发生雄鱼间争夺雌鱼之争。如有一雌一雄两条非洲丽鱼亲亲热热在一起，这时有另一条雄鱼出现，两条雄鱼就成了情敌，它们会摆出决斗的架势，嘴里发出咯咯的叩齿声，以示警告。这样对峙一些时候，外来者往往撤退，向别处游去。

鱼类都有各自的天敌。有些鱼发现有天敌入侵时，首先发现敌情者会发出声音，其他同伴听到报警声后也立即同声相和，于是大家迅速逃至他处。

许多鱼在身临绝境时会发出呼救的声音：垂死的斜齿鳊会发出咕咕声，鱼越大声音越响。泥鳅、鳗鲡、鲶鱼、鲤鱼、淡水鲈鱼等，在受伤之后都会发出一种特殊的声音，向同类发出呼救声。

海星浑身都是"监视器"

浑身都是棘皮的海洋动物——海星有着奇特的星状身体，它盘状身体上通常有 5 只长长的触角，但看不着眼睛。人们总以为海星是靠这些触角识别方向的，其实不然。美、以两国科学家的最新研究发现，海星浑身都是"监视器"。

海星缘何能利用自己整个身体洞察一切？原来海星棘皮皮肤上长有许多小晶体，而且每一个晶体都能发挥眼睛的功能，以获得周围的信息。

科学家对海星进行了解剖，结果发现海星棘皮上的每个微小晶体都是一个完美的透镜，它的尺寸远远小于现在人类利用现有高科技制造出来的透境。

科学家发现了一种长臂章鱼，它们能够模仿海中有毒动物以躲避自己天敌的攻击和捕食。这种聪明的动物有60厘米长，生活在热带河流入海口附近的浅水中，常常在海底或是河底的淤泥面上爬行。由于是最近才发现，所以至今它还没有一个名字。

但是，科学家们已经被它能够乔装打扮的本事深深吸引住了：它能够惟妙惟肖地模仿狮鱼、鳎鱼和带状海蛇。

在海底寻找食物的时候，这种新发现的章鱼能够改变形状和身体的颜色来模仿多种不同的海下有毒生物。章鱼通常被认为是无脊椎动物中最聪明的一种，能够改变它们皮肤的颜色和质地混入岩石、海藻或是珊瑚中，从而躲避天敌的捕食。

但是，这都是模仿一些静态的东西。直到这个发现之前，科学家还没有发现能够如此逼真地模仿其他动物的动物。

在自然界中，伪装是最普通的逃生自救本领，也可以说是本能。但是像这种章鱼那样从颜色和形态上同时模仿的还真是绝无仅有。研究人员在印度尼西亚苏拉威西岛和巴厘岛的海底进行潜水研究时，对9个章鱼进行了跟踪研究，发现它们能够模仿3种不同的有毒生物，分别是鳎鱼、狮鱼和带状海蛇。

研究人员认为它还能模仿其他的生物，像海葵、黄貂鱼、螳螂虾和水母等。但是现在能够肯定的只有这三种。

早些时候没有发现这种章鱼是因为它们所生活的海域不深，没有必要带呼气器，并且淤泥较多，物种不是太丰富，所以人们很容易忽略这些善变的家伙。

鲨鱼原来是个胆小鬼

鲨鱼在人类眼里，一直是凶残嗜血的恶魔，有一种厉害的大白鲨甚至被称为"白色的死亡"。实际上鲨鱼的种类很多，有 300 余种，而对人类构成威胁的不过几种。

鲨鱼的嗅觉异常灵敏，30 米开外的一滴血都能引起它的注意。鱼类专家告诫人们，在浅水区域遇到鲨鱼游来时，一定不要惊慌逃窜，因为鲨鱼往往对人的突然动作发起进攻。最好的办法是静止不动，这样，即使它游到人的身边也不会咬人。

鲨鱼被人误解与惊险恐怖电影的渲染有关。其实鲨鱼不但不可怕，还是地地道道的胆小鬼，对人类相当畏惧，曾有过"人把鲨鱼吓死了"的报道。

在加勒比海岸的一个叫塞拉特的小岛附近，一对青年正在游泳。忽然一条鲨鱼从泳区拦网的缺口处钻了进来，要躲避已经来不及了。姑娘勇敢地迎着鲨鱼冲去，她睁大褐色的眼睛与鲨鱼对峙，僵持了好几秒钟，那鲨鱼竟然掉头向深海游去。

次日清晨，有人发现这条鲨鱼在离小岛不远处悄然死去，它的身体无任何外伤，经解剖，发现其大脑已成草灰状——显然是由于惊吓过度而导致脑的大面积毁坏。就这样，人把鲨鱼给吓死了。

鲨鱼在极个别情况下才会咬人，只有它感到自己的生命受到威胁时才会奋力一搏。全世界每年为鲨鱼所伤人数仅 100 人，而死于鲨鱼之口的人就更少了。

海豹用胡子来寻找猎物

德国科学家发现，海豹能够依靠胡子感知水的流动来寻找猎物，探测范围可达 180 米远，比海豚的声呐系统还要有效。

海豹在阴暗的水中如何寻找猎物，一直不为人们所知。德国波恩大学的科学家提出，海豹胡子的构造非常精密，能够感受到极小的水流运动，胡子有可能是海豹最重要的导航工具。

科学家们训练了两只海豹，训练时把它们的眼睛蒙起来，让它们在水中追踪一个像鲑鱼那么大的潜水装置。结果发现，即使在视觉、嗅觉和听觉都派不上用场的情况下，海豹大多数时候仍能准确地追踪到潜水装置在水中运动的方位。但是如果把尼龙袜罩在海豹头上阻止胡子产生作用，追踪成功率便立即降为零。

这一成果发表在近期的美国《科学》杂志上。科学家下一步计划在海洋中进行试验，观察海豹在其熟悉的生活环境里的表现。他们猜测，可能许多海生的哺乳动物都是用胡子来导航的。

白鲨的活动范围太广了

美国科学家使用电子追踪技术研究了白鲨在海洋中的活动，结果发现它们的活动范围比人们想象得要广。该发现将有助于保护这一面临生存威胁的物种。

科学家在近日出版的英国《自然》杂志上报道说，他们在美国西海岸捕捉了6条成年白鲨，给它们安放了一种智能化的追踪系统。这种追踪系统每隔2分钟就记录一次压力、温度和光线亮度，科学家可以借此推测出鲨鱼所处的环境和地点。当观测结束后，设备会脱离鲨鱼浮出水面，然后把数据传送给卫星。

科学家发现被追踪的鲨鱼不仅仅在海岸附近活动，有3条鲨鱼还游到了东太平洋亚热带地区，有一条鲨鱼甚至游了3800千米到达了夏威夷群岛附近。

通过这一研究，科学家认为白鲨通常在远离海洋的地区活动至少5个月，然后返回海岸附近。这一过程对于北太平洋白鲨的生活很重要，但是其原因还不为人所知。

海豚为什么总爱救人

长年生活在海边的人们，一直把海豚看作是一种神奇的动物。它那聪明而奇特的表现，很早就吸引着人们的注意力。不过，人们对海豚最感兴趣的，恐怕还是它那见义勇为、奋不顾身的救人行为。

从古到今流传着许许多多关于海豚救人的动人传说，随便翻开一本关于海洋动物的书，海豚救人的传奇都占据着大段的篇幅，海豚被描述成一种救苦救难的神，人类在水中发生危难时，往往会得到它的帮助。海豚也因此得到了"海上救生员"的美名，许多国家都颁布了保护海豚的法规。

早在公元前5世纪，古希腊历史学家希罗多德就曾记载过一件海豚救人的奇事。有一次，音乐家阿里昂带着大量钱财乘船回希腊的科林斯，在航海途中水手意欲谋财害命。阿里昂见势不妙，就祈求水手们允许他演奏了生平的最后一曲，然后便纵身投入了大海的怀抱。谁知阿里昂优美动听的音乐已经把海豚吸引到船的周围，就在他生命危急之际，一条海豚游了过来，驮着这位音乐家，一直把他送到罗奔尼撒半岛。

1964年，一艘日本渔船"南阳丸"不幸触礁沉没，6名船员当即丧生。幸存的4名船员拼命往岸边游去。可是海岸太遥远了，他们在大海中游了几个小时，都已累得精疲力竭，仍然不见海岸的影子。就在这生死攸关之际，两条海豚如同从天而降的救星，来到他们身边。接着每条海豚驮着两个人向岸边游去，游了六七十千米，把他们安全地送到了岸上。

海豚不但会把溺水者驮到岸边，而且在遇上鲨鱼吃人时，它们也会见义勇为，挺身相救。

1959年夏天，"里奥·阿泰罗"号客轮在加勒比海因爆炸失事，许多乘客都在汹涌的海水中挣扎。不料祸不单行，大群鲨鱼云集周围，眼看众人就要葬身鱼腹了。就在这千钧一发之际，成群的海豚犹如"神兵天降"般突然出现，向贪婪的鲨鱼猛扑过去，赶走了那些海中恶魔，使遇难的乘客转危为安。

1967年，美国海岸警卫队一艘快艇的官兵们亲眼看到这样一幅奇观：因帆

船失事落入海里的爱德华先生，被 80 多条海豚围在中间，它们将一群大鲨鱼赶得远远的，不让它们前来品尝人肉的美味。

1973 年，埃及的金达里工程师独自乘坐摩托艇外出，摩托艇漏水下沉，金达里落海不到 10 分钟就发现远处游来一条鲨鱼。

危在旦夕之际，一条海豚突然杀出，挡住了那条鲨鱼。后来海豚一直保护着金达里，并与鲨鱼周旋。最后海豚从侧面撞破鲨鱼的腰腹部，把鲨鱼撞死，又驮起金达里，一直把他送上海滩。

那么，海豚为什么会救人呢？海豚救人究竟是一种本能呢，还是具有一定的思维能力？难道是因为它们的大脑比较发达，可以看出人类游泳和溺水的区别吗？在人们对海豚没有充分认识以前，总以为它是神派来保护人类的。由于科学的进步，对海豚认识的进一步，其神秘面纱才逐渐被揭开。

动物学家发现，海豚营救的对象不只限于人，它们还会搭救体弱有病的同伴。1959 年，美国动物学家德·希别纳勒等人在海中航行时，看到两条海豚游向一条被炸药炸伤的海豚，努力搭救自己的同伴。

海豚也会救援新生的小海豚，有时候这种举动甚至显得十分盲目。在一个海洋公园，有一条小海豚一生下来就死掉了，但海豚妈妈仍然不断地把它推出水面。有一次，人们在美国佛罗里达附近的海域中发现两条海豚正推着一条幼海豚的头部，然而它的身子已经被鲨鱼咬掉了。其实，凡是在水中不积极运动的物体，几乎都会引起海豚的注意和极大热忱，成为它们的救援对象。有人曾做过许多试验，结果表明，海豚对于面前漂过的任何物体，不论是死海龟、旧气垫，还是救生圈、厚木板，都会做同样的事情。有人曾看见过海豚救狗的命。1955 年，在美国加利福尼亚海洋水族馆里，有一条宽吻海豚为搭救它的宿敌——一条长 1.5 米的年幼虎鲨，竟然连续 8 天把它托出水面，结果这条倒霉的小鲨终于因此而丧了命。

现在，海洋动物学家认为，海豚的救人行为和它们经常把其他物体托出海面，推着这物体前进一样，只是一种出于本能的习惯性动作。

海豚救人的美德，来源于海豚对子女的"照料天性"。原来，海豚是用肺呼吸的哺乳动物，它们在游泳时可以潜入水里，但每隔一段时间就得把头露出海面呼吸，否则就会窒息而死。

因此对刚刚出生的小海豚来说，最重要的事就是尽快到达水面进行呼吸。一般情况下，小海豚自己能够顺利到达水面，但若遇到意外情况，母亲就会主动地照料小海豚，用嘴唇轻轻地把小海豚托起来，或用牙齿叼住小海豚的胸鳍使其露出水面，直到小海豚能够自己呼吸为止。这种照料行为是海豚及所有鲸类的本能行为。

海豚最初的动机可能仅仅是救援自己的小海豚，但后来逐渐变成一种习以为常的天性，救助的对象也不再限于自己的子女了。

海豚发现同伴在水下受到窒息和死亡的威胁时，就会赶去营救，把遇难者托出水面，使其打开喷水孔，完成呼吸动作。这种本能是在长时间自然选择的过程中形成的，对于保护同类、延续种族是十分必要的。

由于这种行为是不问对象的，一旦海豚遇上了溺水者，会误认为这是一个漂浮的物体，就会产生同样的推逐反应，从而使人得救。也就是说这是一种巧合，与激动人心的"救人"现象正好不谋而合。

此外，对小海豚进行照料并不限于海豚母亲，别的雌海豚也乐于这样做，它们往往相互配合，一起救助某个幼海豚。有时它们会一起把幼海豚夹在中间，置于它们的共同保护之下。这就难怪海豚救人往往也是集体行动了。

但有的科学家认为，把海豚的救苦救难行为归结为动物的一种本能，未免是把事情简单化了，其根源是对动物智慧的过于低估。

若问整个动物界谁最聪明？可能有人会认为黑猩猩是一切动物中最能干的。可是海洋学家却认为，海豚与人类一样也有学习能力，甚至比黑猩猩还略胜一筹，有海中"智叟"之称。

科学家曾对人、猿、海豚的脑重与体重之比进行了研究，发现人脑占体重

的 2.1%，海豚脑占体重的 1.17%，而黑猩猩的脑仅占体重的 0.7%；如果从脑的绝对重量来看，黑猩猩的脑不足 0.5 千克，人脑重约为 1.5 千克，而一条海豚的脑重平均为 1.6 千克。

不论是绝对脑重量还是相对脑重量，海豚都远远超过了黑猩猩，而学习能力与智力发达是密切相关的，因而将海豚列入最聪明的动物之一是不容置疑的。

因此有人认为，海豚的大脑容量比黑猩猩还要大，显然是一种高智商的动物，是一种具有思维能力的动物，它的救人"壮举"很有可能是一种自觉的行为。孰是孰非，还有待人们进一步去探索研究。

动物为何会死而复生

科学家们通过实验，观察到许多生物复活的现象。一位科学家早在 1917 年就做了这样一个实验：把蚯蚓放在玻璃罩里，玻璃罩里有吸水剂，在吸水剂的作用下，蚯蚓的皮肤皱得很厉害，水分严重流失，它的体重减轻 3/4，体积缩小 1/2，就跟死了一样。

然而，当把它放到潮湿的滤纸上时，这条干瘪的蚯蚓渐渐膨胀起来，竟然死而复生。但也有许多科学家认为，蚯蚓身体虽然非常干燥，但它并没有真正死亡，遇水后，它吸收水分就开始活动起来，这不能说是死而复活。

正当干燥动物的复活之谜引起激烈争论时，另一个复活之谜又引起了人们的争论。一位美国科学家在 1938 年做了这样一个实验，把从水中取出的金鱼的表面稍微干燥之后，就把它放在液态空气中，液态空气的温度低达 -200℃。经过 10～15 秒钟后，再把冻僵的金鱼放回温水中，它又活转过来。另一些科学家认为，冰冻动物的复活与干燥动物的复活一样，实际上动物都没有死，并不能说是死而复活。

如果说实验中的动物"死亡"时间太短而显得不可信的话，那么下面的事实就着实让人迷惑不解了。

在 19 世纪，有个法国工人劈石头时，曾经从一块石头里发现了 4 只蛤蟆，这块石头是 100 多万年前形成的石灰岩，而这些蛤蟆居然还能活动。同样的例子还曾发生在北美洲墨西哥，在一个石油矿中，人们挖出一只沉睡了 200 万年的青蛙，它复活后，还存活了两天。

至今，这些谜仍未解开，但对于复活现象的研究使人们联想到：是不是可以利用干燥或冷冻的方法使动物或人在一段时间内停止生命活动，然后再使之复活，以延长动物或人的生命呢？现在，这一设想已经变为现实。科学家已经利用这一原理给人治病并获得成功。他们曾经冷却患有肿瘤的患者的身体，5 天 5 夜后患者被放在温暖的地方，竟然清醒过来了。几次人工睡眠之后，患者的病情有了明显好转。这项试验的成功，使人们对延长生命充满了信心。

"重生"现象

一般人以为爬虫的身体都是黏糊糊的，实际上蛇和其他爬虫的皮肤干燥，还布满鳞片。这些鳞片是表皮增生的角质，通常包着爬虫的整个身躯。一些爬虫类动物的鳞片几乎看不出来，有些却很明显，活像一件以瓦片叠成的外衣，龟的甲壳十分坚固，由硬化的片融合而成；鳄的鳞甲则较柔软。现在最大的爬

虫类动物是鳄，马达加斯加鳄和长吻的恒河鳄身长可达 30 英尺。至于虫丹蛇和巨蟒，身体虽然较小，长度也接近 30 英尺。

亚洲热带地区的眼镜王蛇身长 17 英尺，是最长的毒蛇，性情的凶残也是其他的蛇无法相比的。最大的蜥蜴是以猪和较大的动物为食的印尼可摩多巨蜥，长 12 英尺。棱皮龟体重可达 1 吨，能在水中以时速 10 千米划游。墨鸟类及哺乳类动物不同，体内没有调节体温的机能以适应外界温度的变化。气温下降到低于 18.3℃时，爬虫多变得无精打采，不愿活动；气温上升到 51.67℃时，它又受不住酷热而死去。

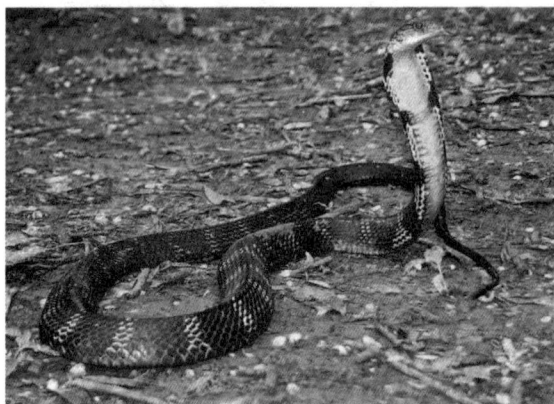

虽然如此，爬虫多少也有方法调节体温。早上它们蹲在岩石上吸取热能。烈日当空时，它们尽可能挺直身体站立，使空气流通降低体温。有些爬虫会躲起来，有些则借喘气散热。冷血动物可节省能量的消耗。1 只两磅重的白兔由食物获取的热能，8 成是用来维持体温。白兔的食量比等于它 10 倍重量的鬣鳞蜥还要大。

蛇虽然没有足，却行动自如，可以轻易地滑行进入洞隙之中、爬过崎岖的地面和浓密的灌丛。蛇把身体弯成S形，可以迅速前进。它们能翘起腹鳞，交替地钩住地面向前笔直匍匐。很多种蛇用鳞片钩住树皮，便能攀上树。蛇在树上，身体像桥梁般在树枝间攀搭，来去自如。

卵壳的构造十分适合孕育新生命：爬虫卵的坚固卵壳保护胚胎，使胚胎不易变干受损，同时也可让氧透入。卵壳内附有一层满布微丝血管的薄膜，帮助呼吸，并且阻止卵内的液体外溢。蛋白的功用是保护胚胎免受震荡，也可防止外界气温急剧变化而损害胚胎，同时收集胚胎产生的废料。蛋黄则供应养分给在发育中的幼体。爬虫卵虽然有这些优点，有些爬虫类动物却是胎生的，例如北方地带的蜥蜴和蛇。

海龟和许多其他水生爬虫类动物离开大海到岸上产卵，多数蜥蜴的尾巴如同一支方向舵，可以迅速改变行走的方向。一些用后肢行走的蜥蜴，尾巴有平衡身体的作用。还有些能像猴子般，以尾巴卷着树枝。

沙蜥的尾巴长有尖刺，是击退天敌的武器；毒蜥则用尾巴贮存脂肪。有时蜥蜴为了逃生，会把尾巴丢掉。蜥蜴的尾巴颜色鲜艳，并常左右摆动，扰乱天敌的视线。

蜥蜴给鹰或其他天敌攫住尾巴时，会丢掉尾巴。断尾还不停摆动，分散天敌的注意力，蜥蜴趁机逃之夭夭。只需 1~2 个月的时间，尾巴便可再生出来。

至于它们本身，都很容易遇到陆上的天敌侵袭，便留在海里生产。大多数爬虫除了选择适合幼体生长的环境产卵之外，绝少担负起抚育下一代的责任。真鳄、短吻鳄、南美鳄、鳄、河鳄等鳄类则不同，雌鳄喜欢在掘好的洞穴或泥堆和腐堆内产卵，并且留下守候至幼鳄孵出。

在孵卵期间，每隔一段时间便将卵翻动一次，以保持适当的温度和湿度，咬开卵壳，帮助幼虫出来。有几种鳄还带领幼鳄下水，有几种鳄则在沼泽建立育幼区，抚育幼鳄数月之久。有时雄鳄也会协助照顾幼鳄。

真鳄和短吻鳄属近亲，都有像甲胄的鳞块外皮，无论外貌和行为都十分接近，乍看之下不易区分。真鳄分布在世界各热带地区，大约分为 10 种，全都有尖长吻。铁鳄是美国东南部和中国的特产，吻部较阔较圆。真鳄看起来比短吻鳄凶。

探寻动物"共生"现象

有一些动物不是你争我斗，而是和平共处。动物学家称这种现象为"共生"，也就是"共同生存"之意。

欧洲的寄居蟹就是"共生"现象中一个典型的例子。寄居蟹的身体较为软弱，所以，它总是寻找一个坚硬的海螺壳作为房子住在里面。在海螺壳中，还有另一位无可奈何的房客——沙蚕，它一般是在寄居蟹搬来之前就被困在了海螺壳当中。寄居蟹会和沙蚕同居共食，成为非常好的邻居。

还有一位房客，寄生的海葵，也会搬过来凑个热闹，不过它一般在海螺壳的外面过宿。当寄居蟹发现了另外较大的海螺壳而搬走后，沙蚕和海葵又会和新搬来的寄居蟹同住。

奇怪的是，寄居蟹既不会吃掉沙蚕，也不会赶走海葵。据说寄居蟹不赶走海葵是因为海葵能起到"保护"作用。海葵的触须尖锐，能赶走前来袭击的敌人，保证同屋共住房客的生命安全。

另一种和平共处的海洋动物，是与鲨共同生活的热带鲫。热带鲫用头部吸附在鲨的身上，专门帮鲨捕捉鲨皮肤上的寄生虫，鲨对此当然十分满意。有时，鲨会将自己吃剩的猎物的碎屑赏赐给热带鲫。很难想象，性情暴躁的鲨竟能和其他动物如此友好地共处。

在欧洲和亚洲的河流里，傻傻和贻贝的关系相处得也很好。每年4月，雌傻傻准备产卵时，雄傻傻鱼便会把它领到一只贻贝前，让雌鱼将卵产在贻贝的吸管里，卵由雄鱼受精后，在贻贝的壳中慢慢孵化。

另一方面，贻贝也会在傻傻身上养育后代。在傻傻产卵时，贻贝也排出幼虫，附在傻傻的尾巴或鳍上。傻傻也十分友好，它会用皮慢慢将这些小客人盖住。3 个月后，幼虫就会完全发育成贻贝了。看来傻傻与贻贝的合作基础是为了相互协作哺育下一代。

陆地上也存在许多"共生"现象，特别是最大与最小的动物之间，比如绿豆大苍蝇、蜣螂和蚂蚁身上都有许多虱子寄生，它们以主人嘴边的食物残渣维持生命。

许多鸟类都喜欢骑在别的动物身上，这对双方都有好处。红蜂虎通常骑在南非的鸨背上，穿越非洲热带稀树草原的高原区。

鸨身高 3 英尺（0.91 米）多，急行时会惊起苍蝇和其他昆虫，红蜂虎就待机出动，每次都有很大的收获。同样，爱站立在水牛、羚羊、斑马或犀牛背上的牛背鹭，也利用这些大动物捕捉被惊起的昆虫。这样既能使牛背鹭经常获得食物，又使水牛等动物免遭毒虫的骚扰。

除此之外，牛背鹭还有另一项重要服务。当有危险动物接近它们，威胁到动物们的安全时，牛背鹭会展翅飞向天空，拼命扇动双翼，以此向自己寄宿的朋友发出警报信号。

啄牛（一种乌鸦）与水牛的关系也极为密切，它以捕食侵害水牛毛皮的虱子维生。有些啄牛与水牛简直形影不离，甚至连求爱及交配都在水牛背上完成。

最奇特的共存实例，大概是行鸟与非洲鳄之间的合作了。非洲鳄是一种极其凶恶的爬行动物，鳄嘴所及之处，一切生物都难以逃脱。但行鸟却担任了非洲鳄的"牙医"工作，它把长嘴探入到鳄的巨口内，替鳄清理塞在牙缝中的食物屑。

以上大部分动物之间的合作，实际上都是为了彼此的方便，但蚂蚁与蚜狮之间却不同。蚜狮靠吸食植物汁液为生，在吸取汁液的时候，它会留下一种叫蜜露的黏性物质，这种黏性物质是一种蚂蚁最爱吃的美食。

为了让蚜狮多产一些蜜露，蚂蚁就像牛奶场的农夫一样，不停地用触须轻拂蚜狮，这种舒服的感觉会令蚜狮产出更多蜜露。

到了秋天，蚂蚁开始收集蚜狮的卵，放在蚁穴中细心加以照料。等到春天来临，蚜狮孵出后，蚂蚁会把它们送到地面，让它们继续生产自己所需的食物。

动物共生现象

深海里很多鱼都会发光。在阳光照射不到的海洋深处，鱼体发光相信有多种不同的功能，如引诱猎物、看清近处的物体、辨认配偶等。若干种鱼身上长有专司发光的细胞，但大多数都借鱼身滋生的细菌发光，细菌则从寄主那里摄取营养。有些鱼甚至输送含氧的血液给寄生在身上的细菌，促使它们发光；有些鱼则巧妙地扩张或收缩皮里的细胞，使长期发光的细菌或隐或现。

海葵外表酷似花卉，实际上却是动物，生有带刺囊的触手，用以捕捉小鱼及其他猎物。在热带的珊瑚礁中，身上满布鲜艳斑纹的小丑鱼却可在海葵有毒的触手间栖身，逃过天敌捕食。这一种鱼皮上有一层黏液，因此不怕海葵有毒的触手。海葵也从中得益，因为小丑鱼会除去海葵不健康的触手，并且替海葵清除身上的废物。其他一些鱼也用类似的方法求生，例如细小的变鳍鳎甚至活在僧帽水母致命的触手间。美国加州沿岸的淤泥滩里，有一种奇怪的昆虫，称为栈圭虫。它身躯肥胖，活像一长条粉红色的香肠，与其他动物共栖在 U 形的地洞里。洞口住着一种叫虾虎鱼的小鱼（有时一个洞口可见 20 多尾虾虎鱼），

小蟹与 7 厘米长的多鳞虫也贪图方便，寄身其中。甚至在地洞外面居住的蛤也把管状口器伸进地洞里，吸取流过的水。栈圭虫不能从这些"住客"身上得到好处，但也不会受到伤害。

蚜虫吃植物，会分泌一种含糖分的物质，称为"蜜露"。蚂蚁

最爱吃这种分泌物，常扫抹蚜虫腹部，刺激它分泌"蜜露"，就像人类挤牛奶一样。若干种蚂蚁会用泥或嚼碎的植物髓筑起小围墙围住蚜虫，如遇到危险，有些蚂蚁甚至把宝贝蚜虫衔着逃命。

北美洲有一种蚂蚁，更是把蚜虫卵子视如己出，在巢里悉心照料。到春天，蚜虫卵子孵化，蚂蚁便带幼虫到幼嫩的草根处"放牧"，让它饱餐一顿。农夫种下作物若干时日之后，蚂蚁便带蚜虫去吃作物的根；一条根的液汁给吃光了，又把蚜虫带到另一条根去。这两种昆虫迥然不同，但是它们建立了一种互惠的关系：蚜虫蒙受蚂蚁殷勤的照顾，蚂蚁也获得蚜虫赐给的甘美滋润的蜜露。当然，两者依赖对方生存的程度可能各不相同，互有差别。

蚁巢里有3000多种昆虫，其中逾1/3是甲虫。有一种甲虫分泌一种蚂蚁爱吃的甘液，蚂蚁用前脚提起甲虫，吃其甘液。甲虫往往用后脚直立起来，摆动前脚，像小狗乞食般吸引蚂蚁注意。待蚂蚁吃过甘液之后，甲虫便伸出头来，张开嘴巴，这时蚂蚁又会回吐一口食物酬答。

欧洲美丽的大蓝蝶也是全靠蚂蚁才能生存的。蚂蚁把大蓝蝶幼虫带到蚁巢里去。大蓝蝶幼虫虽然会吃掉蚁巢内的一些幼虫，但整体来说，蚂蚁的损失不大，而且另有益处，因为蚂蚁只要用触角和腿扫抹蝴蝶的幼虫，幼虫便会分泌一种糖浆，供蚂蚁享用。和大蓝蝶种类相近的多种蝴蝶幼虫与蚂蚁也有这种互惠关系，但不寄居在蚁巢里。

爱好大自然的人到非洲游览，往往看见鸟类停歇在犀牛、水牛等庞大的哺乳动物背上。原来这些食草的哺乳动物觅食时扰及昆虫，昆虫飞起，牛背鹭等鸟类就可坐享其成，吃掉这些昆虫；牛鸦搜索牛背上的扁虫及其他寄生虫果腹；这些鸟甚至会把喙伸进哺乳动物的耳孔或鼻孔里觅吃寄生虫，有时惹得寄主都恼了。

不光是哺乳动物的背，还有在鸟背上站立的。栖于陆上的非洲硕鸨，躯体庞大，重可达30磅（约13.6千克），是鹤的远亲，背上也经常站着一只颜色奇艳的小鸟，称为深红蜂虎。每逢非洲硕鸨赶起草丛里的昆虫，深红蜂虎便忙不迭把昆虫吃掉。北极狐追随北极熊，是为了吃北极熊所捕食的动物的残余。舟勒跟在鲨及其他大鱼身旁同游，也为了同样理由。胡狼与鬣狗也常常观察天空

中盘旋的兀鹰，跟从兀鹰寻觅动物尸骸果腹。

很多动物利用其他动物觅食。非洲有的示蜜鸟，真的能带领其他动物觅食。顾名思义，示蜜鸟最爱吃蜂蜜，也爱吃蜜蜂的成虫、幼虫及蜜蜡。

示蜜鸟虽然不能独力捣蜂窝，却能够引来其他动物协助：示蜜鸟发现蜂窝后，便在林间来回飞翔，发出一种特别的叫声。蜜獾听到叫声，便追到蜂窝去，用强肢利爪破开蜂窝，吃里面的蜂蜜和蜜蜂，示蜜鸟就吃剩下来的。很久以前，人类就已经懂得跟随示蜜鸟觅蜂蜜，而示蜜鸟也学会与人类合作觅食。示蜜鸟还有一点要倚靠其他鸟类，那就是在它们的巢里产卵。

自然界有许多奇妙的事物，其中有所谓"共生现象"，即不同种动物相依生存。共生关系可以分为许多种，有一种称为共栖关系，即一方获益，另一方则获益甚少或全无得益，但也不致受损害。以䲟与鲨的关系为例，䲟身长而且多有条纹，头上长有吸盘，可黏附在鲨（间或是另一种鱼或鲸）身上。鲨捕获猎物时，䲟便暂时脱离鲨身，去吃散落的猎物残屑。

另一种共生关系称为"寄生现象"，即只单方面受惠：扁虫与绦虫便是常见的寄生虫，在寄主身上摄取养分为生。

第三种关系称为"互惠共生现象"，双方能互惠共存。它们的关系可能不大密切，可以各自独立生存。例如在非洲草原上一同吃草的斑马与牛羚，两者都可各自生存，不过结伴之后，因为双方各有特别灵敏的官能（斑马视力较佳，牛羚听觉与嗅觉较佳），所以察觉天敌的能力便大为提高。

有些共栖动物相依为命，没有对方便不能生存下去。但是共栖关系多半没那么极端，通常既可互惠共存，也可各自生活。

南极冰湖的生命

英国、美国和俄罗斯等国正对南极洲最大的冰下湖泊——"东湖"进行联合探测。科学家计划用两年时间凿透"东湖"表面原达4000米的冰层，以研究冰封数百万年的湖水中是否有不为人知的生命形式存在。

目前，考察小组在覆盖"东湖"表面的巨大冰层上进行了几十米的试钻探，结果发现了一些未曾见过的微生物。科学家们指出，"东湖"湖底是地球上最为封闭的水生环境，形成时间至少在200万年之前，其中可能存在的原始生命形式与地球上其他生命的演化是完全割裂的，这将为研究地球生命的起源提供新线索。

另外，如果能够在"东湖"中找到生物，就证明了生命可能在完全封闭的环境中历经数百万年而不灭，这也将成为科学家们判断木卫二等其他星球的冰层下是否可能有生命存在的重要依据。

"巨人岛"的奥秘

在浩瀚无垠的加勒比海上，有个名叫"马提尼克岛"的神奇小岛。由于生活在该岛上的成年人甚至老年人的身体能长高，因而此岛被称为"巨人岛"。

在1948年起10年左右的时间内，一种令人们百思不得其解的奇异现象在

143

这个小岛上发生了：凡是居住在岛上的成年男女都长高了几厘米，成年男子平均身高达 1.90 米，成年女子平均身高也超过 1.74 米。

不仅岛上的土著居民，而且成年的外地人到该岛来住上一段时间后也会很快长高，例如 64 岁的法国科学家格莱华博士和他 57 岁的助手里连博士，在该岛上仅仅生活两年，2 人就分别增高了 8 厘米和 7 厘米。

其实岛上的动物、植物和昆虫长得更快。岛上的苍蝇、蚂蚁、蜥蜴、蛇和甲虫，从 1948 年起的 10 年左右时间里都比通常增长了约 8 倍。

到底是什么神秘的力量促使该岛上的成年人、动物、植物和昆虫躯体生长速度这么快？这种神秘的力量又是源自何种物质呢？

许多科学家为了揭开此谜远涉重洋，来到该岛长期进行探测和考察，提出了多种假说和猜测，提出了各种各样的解释。

有些人认为，可能有一只飞碟或其他天外来客于 1948 年在该岛的比利山区坠落，这个埋藏在该岛比利山区地下的飞碟或其他天外来客的残骸发出了一种性质不明的辐射光，能使该岛生物迅速增长。

还有一些科学家认为，该岛蕴藏着某种放射性矿藏，它能使生物体机能发生变异，因而"催高"了身体。"巨人岛"的秘密究竟如何，至今仍是一个谜，有待科学家们去进一步研究。

长颈鹿的脖子

动物园里的长颈鹿，是人们喜爱观赏的一种动物。很多人大概都想问这样的问题：长颈鹿的脖子为什么会那么长？

在动物界里，长颈鹿的个头要算其中的佼佼者，雌鹿身高一般在 4.3 米，雄鹿一般身高 4.6～5.5 米，最高可达 6 米。这当然要得益于它那长长的脖子了，其脖子几乎占了整个身高的一半以上。其实它那长脖子的构造也没有什么特别的，只有 7 块颈椎骨，与老鼠、鼹鼠这样的小动物没有什么区别。哺乳动物大部分都是 7 块颈椎骨，这是它们的共同特征。那么，是什么原因使它那脖子变长的呢？

伟大的生物学家达尔文认为，古代的长颈鹿中有长脖子和短脖子两种，都以草为食，也吃树上的叶子。后来由于气候干燥，地面上的青草都枯死了，低矮的灌木也都旱死了，这样一来，它们也就只能以树叶为食了。脖子长的，因为取食容易而幸存下来；而那些脖子短的，因为吃不到高处的树叶便灭绝了。

法国生物学家拉马克用"用进废退"和"获得性状遗传"的理论来解释长颈鹿的长脖子问题。他认为，长颈鹿的祖先生活的地区，由于自然条件的变化而成为干旱地带，可供生存的牧草变得极为稀少了。开始长颈鹿的脖子都比较短，为了生存，必须取高树上的叶子来充饥。为达到这个目的，它们就努力伸长脖子。因为经常使用的器官越用越发达，而"获得性状遗传"又是可以遗传的，就这样一代又一代延续变化下去，千载万代之后，它们的脖子就逐渐变长了，最后变成了今天的样子。

对以上观点，有些学者提出了质疑。德国的魏斯曼等人认为，生物遗传的实质是不变的，特别是不受环境因素的影响，即个体变异、获得性状都不遗传。还有的学者认为，达尔文所提出的通过生存竞争进行自然选择，只在发生了突然变异的个体间起作用，对因环境差异而引起的细微个体变异则毫无作用。

对此日本学者木村又提出了"中性突变"理论。他认为，长颈鹿的脖子是在分子水平上进化的结果。也就是说，在长颈鹿群体内的随机交配中，遗传基因发生随机自由组合，使那些表现为"长颈性"变异的基因突变变得固定并逐步积累，而那些不表现"长颈性"变异的基因突变逐步消失。

我国学者安名勋又提出了"有利突变"理论。他认为，"有利突变"是通过自然选择，从而促进了物种的变化。

看来，到底怎样来解释长颈鹿的长脖子问题，一时间还无法做出定论。

伤脑筋的棱皮龟

棱皮龟是目前世界上存活的最大爬行动物，也是人们了解甚少且最富有神秘色彩的龟类。它体呈锥形，没有硬壳包裹身体，只有南瓜子形的背甲，坚韧的背甲软骨上有 5~7 个脊骨。最大的棱皮龟体重达 700 千克以上。两个粗大的前肢如同船桨，使它能远涉重洋，并能蹒跚地爬上海滨沙滩排卵繁殖后代。

大多数海龟栖息在热带海洋和海岸区，而棱皮龟却能漫游到寒冷的阿拉斯加和大不列颠群岛等海域，由于它多数时间深居大洋，人们对它的了解就很肤浅。它是爬行动物中水性最好的，每小时可游 14 千米以上。人们很想知道，棱皮龟身体如此巨大，又这样高速游动，是否只靠进食含水分 97% 的水母来摄取能量以维持生命的。因为剖开它的胃，除发现一团胶状物外，没有任何其他东西。这就是棱皮龟留给人类的一个谜。棱皮龟的骨骼与海豚和鲸等海洋哺乳动物相似，而不像爬行类动物，其特殊的进化过程令人迷惑不解。

棱皮龟既然以水母为主要食物，而水母大都生长在海表层，棱皮龟却常潜到 1000 米的深处，它为什么具有这种似乎不必要的能力？这又是一个谜。棱皮龟的脑子极小，一只 27 千克重的龟脑重仅有 4 克，而一只普通的老鼠脑重却可达 8 克。人脑缺氧 3 分钟就可能死去，而棱皮龟不同，脑无氧时仍可存活较长时间，据调查，它可在水下待 48 小时之久，具有这非凡忍耐力的原因尚无人知晓。棱皮龟的肉不可食用，体内也没有可食的软骨；其肠内的许多腊球至今仍不知道是什么东西。

可见，一只棱皮龟就是一团谜。人类对棱皮龟作了几个世纪的接触和研究，但在它身上仍有这么多未知的东西，因为被捕获的棱皮龟无一能活到两年以上。人们甚至至今仍不知道它在苍茫的大海中能够活多少年，也不知道它们的数量究竟有多少。

欧亚大陆的动物分布

欧亚大陆的干草原冬天严寒，吃素的动物大都冬眠。夏天忙于觅食，既要在体内积存脂肪，又要在窝里储藏食物以备过冬。欧亚大陆中部，离海太远，得不到海风调节，冬日严寒，夏日酷热，终年少雨。冬天，冷空气大陆中央流向各海洋，霜雪随至。夏天，热空气从中央升起，较凉的湿空气由海上补入，把雨带到大陆沿岸，使沿岩地区树木茂盛。由于湿空气不能到达，中央地区多半是沙漠。树林与沙漠之间是一些干草原，即每年雨量只有 10～30 英寸的大草原。这里大部分地方，雨量仅够青草和少数块根植物生长；在较湿润的地区，则有灌木和树丛生长。

气温既有极大变化，干草原上的动物要生存就必须能避过严寒和酷热。因此，常见的都是穴居的小啮齿动物。许多动物吃草，草是草原上最充裕的食料。黄鼠是欧亚大陆和北美洲各草原的特产，欧亚大陆有欧黄鼠、土拨鼠等。所有

这些啮齿动物，都是干草原上食肉动物的主要食物。

鼹鼠型盲鼠挖掘的地洞成网状，一生吃、住、生活在里头，很少离开。它采回蒲公英和菊苣的根，藏在地洞里的食物储藏室中准备做过冬之用。这种盲鼠用头推土，简直像个钻孔器，钻洞的速度快得惊人。它还会挖厕所，待排满粪便后就封起来，另外再挖掘一个新的。这种盲鼠是独居的动物，即使是同种也不能相容。雌性在交配后，若雄盲鼠赖着不愿早离开，也会被逐出洞。

原仓鼠比鼹鼠型盲鼠更喜爱较潮湿的环境。它也挖地洞，喜欢挖出一间中央大房，连着些小房。原仓鼠很整洁，食物贮存得有条不紊，不同种类分别置于不同地方。连送食物的时候，大的用牙咬着，小的放在颊囊里。秋天来时，原仓鼠把地洞各入口都堵住，然后自己蜷成一围，飑飑入睡。

土拨鼠比黄鼠大，但头盖骨较扁平，颊囊较浅。这两种动物都大群聚居，日间活动，挖洞很深，蛰伏达半年之久。夏季干旱时，黄鼠也可能蛰伏。

土拨鼠和黄鼠都是狼、鹫、大鹰喜欢捕食的动物，因此不愿离洞太远。在地上觅食时，还派出其中一位放哨，警号一起，全群都窜入地下。太小的哺乳动物，不能靠移徙来避过寒冬炎夏，就钻到地下去，多半在地下冬眠。

冬末春初，干草原上的黑琴鸡像别处的黑松鸡一般，建立求偶地盘。雄黑琴鸡张开双翼和尾羽，趾高气扬地跳着，既向别的雄黑琴鸡挑战，也对雌黑琴鸡进行引诱。交配后，雄黑琴鸡还继续张羽作态。雌黑琴鸡通常在第二天早上产卵一枚，在孵卵期间，还会间歇回到求偶地盘去再交配。在地盘中央的雄黑琴鸡交配机会最多。在繁殖期间的雄黑琴鸡很俊美，眼上有红肉垂，外侧尾羽成七弦竖琴形，翼上有显眼的白条纹。

黑琴鸡是松鸡的一个亚种，跟别处的黑松鸡一样，喜欢有树的地区。黑琴鸡居于乌克兰东部、里海和咸海以北的地方，那里的干草原有一片片桦木林和灌木丛。各干草原的情形并不完全相同。各地的雨量差异甚大，影响食用植物的生长。整个区域不但有些草原，也有密灌丛和半荒漠，干草原上各种动物，都能适应自己的生存环境。

大跳鼠是种有修长俊腿的啮齿动物，能适应在干燥旷地的生活。在这种地方它凭跃跑速度逃避天敌，一跃数尺，时速可达35英里。西伯利亚和蒙古地区的达斡尔跳兔居于水滨。这种动物是兔的亲属，夏天做类似翻晒干草的工作，采集鸢尾、委陵菜和艾叶来晒干，以备冬日做食料和垫草之用。干草原上不冬眠的食草动物很少，跳兔是其中一种，因此成为鹫、狼、沙狐冬天捕食的好猎物。有时，繁殖过剩会使动物发生异常的危机。在干草原上挖洞的普通田鼠有个繁殖周期，每四五年一次高潮。高潮过后不久，接着是同样惊人的低潮。成因似乎不是饥饿，也不是天敌为患，而是拥挤影响了内分泌。这样引起的内分泌失调，可能是大量田鼠死亡的主因，也可能是母鼠因此而缺奶，以致幼鼠饿死。

草原兔尾鼠也有与普通田鼠相似的群体暴增现象。雌鼠6周大就可生育，雄鼠成熟更早。繁殖期从4月到10月初，这期间内一只雌鼠可产6胎幼鼠，每胎3～7只不等。种群量达到高峰时，大批草原兔尾鼠就像旅鼠一般，成群迁移。

干草原上的兽群及其天敌，为避寒暑和觅食而集体移徙。它们的生活节律就是这样定下来的。

农业的推广，使欧亚大陆干草原上许多动物的分布区缩减了。随着分布区消失，动物数量也就少了。较大的动物受害最大。不过目前还有未开垦的草地足以养活一群群有蹄动物，如高鼻羚羊（赛加羚羊）等。

高鼻羚羊是逐水草而居的动物，从化石证据可知，两万年前已走遍欧亚大陆各地。每年冬天，成群结队南移避寒，到没有厚雪覆盖的草地去觅食，每群成千上万只。夏天如果苦旱，又从平常居住的地方迁到几百里外，找寻较好的草地。

冬徙后，高鼻羚羊便交配。雄高鼻羚羊划定地界守住地盘，为了争配偶，用角与别的雄性搏斗。如果能获胜，可以支配5～15只雌羚羊。但许多雄高鼻

羚羊因搏斗和交合以致身体虚弱，结果过不了冬。春来时能够北返的，仅余5%～10%而已。虽然如此，目前居于荒野而受保护的高鼻羚羊，约有100万只，每年增加的数目约7000只。

开阔草原是马科动物的天然产地。家马唯一的野生近亲是蒙古野马，这种野马可能是马科之中现存最原始的一种。它比家马小，头较重，鬃毛直竖，尾长往往几乎及地，成年时约重750磅，夏季皮毛短而光滑，背部和两侧红棕色，向腹部渐变成黄白色。冬季皮毛长而色浅，鬃深棕色，背部有红棕色带，腿内侧为灰色。今天的荒野已少见这种马了，但古时在东方的干草原上很多。野马群不大，通常由1只雄马、6～12只雌马和几只幼马组成。人工饲养的蒙古野马，寿命30年左右。

蒙古野马的原产地，最接近那条横跨欧亚大陆与美洲之间的古代陆桥，现为白令海峡。看来马从美洲过桥后，一面向东半球各处扩散，一面因适应新环境而演化出一些新种。这些演变使若干较小的染色体融合一起。染色体是把遗传信息传给下一代的东西。结果，今天离陆桥最远的各种马，染色体最少。越过陆桥之后留在干草原上的蒙古野马，所经历的适应变化最少，因此其染色体数量比别种马都多。

成年的马和高鼻羚羊对草原上大多数食肉动物都不必恐惧，只有狼可以侵袭它们，但是狼在干草原上或别的地方都越来越少。只要及时得到警报，马和高鼻羚羊都跑得比狼快，只有待生产的母马和母羚羊易受伤害。因此，大食草动物总是在空旷平地上聚集成群，为的是老远就看得见有天敌走来。

狼与干草原上较小的食肉动物一样，以啮齿动物和野兔为主要食物。狼在许多不同环境都能生活，但沙狐只产于欧亚大陆中部的干草原和半荒漠地区。沙狐的眼睛和耳朵都特别大，嗅觉敏锐；又软又厚的皮毛，夏天是赤黄色，冬天转为近乎白色，使它与雪地浑然一体。

干草原广阔，是较大食肉鸟猎食的好地方。举例来说，草原鵟做大弧形飞行，视野范围方圆可达数里，它的主要食物是黄鼠，但也留心鸽、蛇和野兔的动静，因为这些也是它的食物。

亚欧两洲各地的草原鵟有几个亚种，即是几宗。有一宗到米索不达米亚或非洲过冬。春天北返的时候，雌雄草原鵟成双成对，在地上或矮树上用树枝筑个简陋的巢，拿绒毛、羽毛和粪便垫在上面。雏鸟在 6 月孵出，8 月学飞，10 月里随父母移徙到南方。

草原鹞也是候鸟，冬天移徙到亚洲南部或非洲过冬，夏天才飞回干草原去交配繁殖。在春天北飞时，雌雄草原鹞配结成双，而且显然终生不渝。但它们繁琐的求偶夸耀行为，要等飞到干草原上的栖息地才开始表演。

在求偶飞行中，雌雄草原鹞一同做大螺旋形飞行，偶尔也分离、斜飞或滑翔而下。稍后，在交配飞行中，雄鹞在空中向在地上观看的雌鹞表演夸耀行为。雄鹞停止绕圈，朝着雌鹞缓缓滑翔而下，在雌鹞面前展翼盘旋。忽然向着雌鹞直冲而下，又在撞及雌鹞之前及时向上高飞而去。在这些飞行动作中，雄鹞向雌鹞炫耀自己浅色的胸部，甚至朝向太阳，好使胸部显得更白亮。

草原鹞吃田鼠、黑松鸡、云雀等，在猎食地上空循固定的路线飞来飞去。一见到可以捕食的东西，就向地面俯冲，用双翼和尾做减速器和方向舵，用锐利的曲爪抓猎物。

干草原上的爬虫动物中，有草原蝰，这是欧洲普通蝰的近亲。它喜爱山谷之类有植被掩护的地区。这种小蝰以夜间活动为主，捕食田鼠、仓鼠等。草原蝰与所有蝰都一样，是又好斗又危险的食肉动物。通常多见于干燥的地方，但也偶见于沼泽地区。沙狐昼伏夜出，居无定所，白天睡在土拨鼠的洞穴里。偶尔结群猎食昆虫、野兔、欧黄鼠等，猎得什么便吃什么，也吃腐肉。艾鼬鼠食啮齿动物和爬虫，也会侵袭家畜。艾鼬的分布区极广，西起波兰，东至太平洋沿岸。驯养的白鼬，可能是这种艾鼬的变种。艾鼬咬死土拨鼠后，有时住进土拨鼠的洞穴。随后扩大地洞，还多挖些地道通到附近的土拨鼠洞去。艾鼬像臭鼬一样，受威胁时就从肛腺排出臭液来自卫。

兔狲也捕食干草原上的啮齿动物和雀鸟。它与别的猫科动物不同，但与干草原上许多动物却一样，住在地洞、山洞和石隙里。兔狲也产于有树的地方和半荒漠地带。

印度草原上的动物分布

印度次大陆上那些人为的草原，养活了一批珍奇的动物，它们原来本是住在树林中，现在已适应草原上的生活。

在印度的干旱地区，人类的活动造成了一片短草稀树草原，每年少不了季风雨的袭击。原来的开阔林地，因千百年不断开垦耕种和牧畜已完全毁了。在缅甸、泰国、柬埔寨等国家，有一些半干旱的天然草原，但除了柬埔寨野牛这种稀树草原上真正的土生动物之外，那里并没有演化出草原哺乳动物。

中东和北非沙漠的一些动物，在印度西部各草原上也有些能适应当地环境的品种生长繁殖，例如沙鼠和瞪羚。印度次大陆各草原上独特的动物，只有帽猴、蓝牛及其近亲四角羚等。它们的祖先可能是居于原生林地的。还有一种草原动物是印度羚，这是最美丽的羚羊之一。

印度羚每年有两个发情期，一个在干旱的仲夏，约是4月，一个在雨季末期，从8月到10月，交配多半在这两段时间进行。为首的雄印度羚，开辟出约20英亩（1英亩≈0.4公顷）的地盘，让约50只羚羊一起群居，其中有雌羚、幼羚和从

属的雄羚。印度羚守护地盘的方法，是一套恐吓作势的姿态，很少会真打起来。交配期过后，便守着地盘，由几个小群拼合成大群一同居住。6个月后，幼羚出生。

蓝牛是形状似马的羚羊，住在有树的地方，在最热的时分可躲避烈日。它像印度羚一样，从所吃的草和叶中得到水分。初冬时，雄蓝牛用粪堆做边界，划出约200英亩大的繁殖地盘。

印度草原出产许多种小素食动物。在旷野常见到黑颈兔和印度沙鼠。黑颈兔在地面上活动，但印度沙鼠日间在地洞里，黄昏出来吃种子、肉茎植物、昆虫、雏鸟等。

从前在印度草原上四处猎食的大食肉动物，有很多种不是被人猎光，便是被迫移徙到偏僻的地方去了。

学名叫作波斯狮的亚洲狮，只产于印度西北的吉尔森林，现在还约有300头。这种狮以猎食鹿和蓝牛等大有蹄动物为生，身体比非洲狮略小，鬃毛稍短，尾部丛毛则较大。

过去捕杀印度羚和瞪羚最多的猎豹，在今日的印度已绝了种。另一种食肉动物是狼，在各草原上也几乎消失了，残余的少数狼居住在沙漠中。印度的狼都是独自或成对猎食。

印度草原上最多的掠食动物，都是一些小食肉动物，以啮齿动物、爬虫、鸟类和昆虫为食。蜜獾是杂食性的动物，蛇、腐尸、植物等什么都吃，不过特别喜吃蜂蜜。它那双粗大的前腿，生有坚爪，易于挖洞。

刺猬、穿山甲、蝙蝠等都吃昆虫。在西北较为干燥地区的大耳猬，日间炎热时躲在地洞里。印度穿山甲睡在地下约10英尺深的湿洞里，能穿进蚁巢和白蚁巢中，用有黏液的长舌捉蚁吃。

地球生物灭绝考察

人们知道恐龙在6500万年前因为小行星撞击地球而灭绝，美国数位科学家在2001年出版的一期《科学》杂志上撰文指出，小行星撞击地球导致物种灭绝的灾难在地球的历史上并非只发生过一次：早在2.5亿年前，还有一颗小行星曾经撞击地球，破坏性比令恐龙灭绝的那一次更加严重。有关的证据来源于一种球状碳分子。

研究人员认为这些碳分子不是地球上的，因为它们内部包裹着的气体的同位素比例不同一般，表明它们是在地球和太阳诞生前一颗恒星爆炸的环境下生成的。这些提供线索的碳分子是从日本、中国和匈牙利的不同地区采集的。那些地区有二叠纪和三叠纪交替时期的沉积岩层。

研究人员说，在交替期岩层上方和下方的岩层中，这种碳分子密度都很低，只有在物种灭绝时期的岩层中密度异常高。

科学家推算，这颗小行星或彗星直径在6~12千米，体积和导致6500万年

前恐龙灭绝的那颗冲击地球的小行星相仿。这颗小行星或彗星撞击地球释放的能量相当于 20 世纪最大的一次地震的 100 万倍。

科学家们认为，这一冲击和地球物种的迅速灭绝几乎同时发生，其间还发生了地球上最大的火山运动：在不到 100 万年时间里，从现在的西伯利亚地区地下喷出的火山岩浆足够为整个地球表面铺上 3 米厚。这些变化使 90% 的海洋生物和 70% 的陆地脊椎动物绝种。这是目前人类已知最大规模的一次物种灭绝。

恐龙时代

巴基斯坦在俾路支省首府奎塔西北 500 千米处发现了 1500 多块恐龙化石。这些化石是在巴尔坎地区的维达格里的 16 个不同地点被发掘的，距今约 6500 万年。

一些古生物学家特意将这些化石与史前巨鲸和远古大型爬行动物的化石做了比较，断定这是不同种类的恐龙化石，其中大部分为恐龙的椎骨和腿骨。这是一次重大的科学发现，对研究史前恐龙活动及灭绝过程提供了良好的契机。

首先，恐龙化石在巴的出现，表明巴基斯坦接近史前恐龙灭绝的地理范围。这将使人们从一个全新的角度，探索恐龙古时在地球上的迁移路线，研究目前中亚和东南亚地区在白垩纪时的陆地联结状况。

其次，由于此次恐龙化石多在地质上层被发现，科学家们普遍相信在该地区还能发现更多的恐龙化石。

最后，研究表明这批化石均属远古食草类的恐龙，这使人们意识到，巴基斯坦信德省和俾路支省的大部分地区是一块丰美的草场，而非当前一派贫瘠和荒芜的景象。这为科学家们研究地球的气候和地理变化，提供了又一条通道。

此外，尽管一些科学家认为古时陨星撞击地球，引发大规模火山运动从而改变地球的气候和地理环境，是造成恐龙灭绝的原因，但恐龙并非瞬息灭绝，其过程经历了约 200 万年。

一些科学家据此认为，恐龙并未在地球上销声匿迹，而是受气候影响产生

了物种变异。他们相信，当前生活在巴俾路支省等地区的一些鸟类和蜥蜴，就是史前恐龙的后裔。类似的种种推测，人们只能对恐龙化石进行更深入研究后，才能得出答案。

恐龙灭绝的原因

1980 年，美国科学家在 6500 万年前的地层中发现了高浓度的铱，其含量超过正常含量几十甚至数百倍。这样浓度的铱在陨石中可以找到，因此，科学家们就把它与恐龙灭绝联系起来了。

根据铱的含量还推算出撞击物体是一颗相当于直径 10 千米的小行星。这么大的陨石撞击地球，绝对是一次无与伦比的打击，以地震的强度来计算，大约是里氏 10 级，而所撞击产生的陨石坑直径可能超过 100 千米。

科学工作者用了 10 年的时间，终于有了初步结果，他们在中美洲犹加敦半岛的地层中找到了这个大坑。据推算，这个坑的直径在 180～300 千米。现在，科学工作者们还在对这个大坑做进一步的研究。

科学家们开始为我们描绘 6500 万年前那壮烈的一幕。有一天，恐龙们还在地球乐园中无忧无虑地尽情吃喝，突然天空中出现了一道刺眼的白光，一颗直径 10 千米、相当于一座中等城市般大的巨石从天而降。

那是一颗小行星，它以每秒 40 千米的速度一头撞进大海，在海底撞出一个巨大的深坑，海水被迅速气化，蒸汽向高空喷射达数万米，随即掀起的海啸高达 5 千米，并以极快的速度扩散，冲天大水横扫着陆地上的一切，汹涌的巨浪席卷地球表面后会合于撞击点的背面一端，在那里巨大的海水力量引发了德干高原强烈的火山喷发，同时使地球板块的运动方向发生了改变。

那是一场多么可怕的灾难啊。陨石撞击地球产生了铺天盖地的灰尘，极地雪融化，植物毁灭了，火山灰也充满天空。

一时间暗无天日，气温骤降，大雨滂沱，山洪暴发，泥石流将恐龙卷走并埋葬起来。在以后的数月乃至数年里，天空依然尘烟翻滚，乌云密布，地球因终年不见阳光而进入低温中，苍茫大地一时间沉寂无声。生物史上的一个时代就这样结束了。

不论以上的事情是否真的发生过，恐龙的全部灭绝都将是一件奇特的事情。好在我们现在获得了一些珍贵的恐龙化石，使科学家们的研究工作能够进行。我们相信在不久的将来，这个谜一定会解开。

同时我们应该知道，任何一种生物都要经历产生、繁荣、灭亡的过程。这是大自然的规律，并不会因为哪一物种庞大强盛而改变。

恐龙灭绝了，随后出现了一个崭新的时代，更多的更高级的生物世界把地球装点得更加美好。

中国地学专家杨超群提出了有关恐龙灭绝的新假说："由于古气候及地质——地球化学因素的影响，据今 6500 万年前的白垩纪末期，雄性恐龙出现了性功能障碍，大量的恐龙蛋未能受精，导致了恐龙最终灭绝。"这一观点已得到一些知名地质、古生物专家的肯定。支持这一观点的例证，是英国一名化石商人在来自中国的 70 个恐龙蛋中，只发现一个有胚胎化石，这说明恐龙蛋的受精率颇低。

在恐龙繁盛的侏罗纪时期，雌雄恐龙的生殖能力都很强，大量的受精蛋均孵化出了恐龙，因此出现了保存大量恐龙骨骼化石而未见恐龙蛋化石的情况。

到了晚白垩纪，雌性恐龙的生殖功能仍较强，但雄性恐龙却出现了性功能障碍，大量的蛋未能受精，因此出现了大量的蛋化石而骨骼化石则相对十分稀少的情况。

而且，从晚白垩纪早期到晚期，地层中的恐龙蛋化石逐渐减少，说明恐龙

的生殖功能逐渐衰退，恐龙的数量不断减少，最终灭绝。

根据晚白垩纪至早第三纪地层中常见有膏盐（石膏、岩盐等）矿物及膏盐层的事实，分析导致恐龙生殖功能衰退的古气候及地质——地球化学因素，可认为当时是在持续炎热干旱的气候条件下，由于强烈的蒸发浓缩作用，使湖水中的矿化度逐渐增高而演变成盐湖。

恐龙在饮用了盐湖水后，特别是盐湖水中的硫酸根的浓度大大增高时，极可能对它们的生殖功能造成破坏。

此外，华南与含恐龙蛋化石同时代的地层中，有的地方还发现含铀砂岩，铀的核辐射对恐龙的生殖能力也有一定的负面影响。

在中国新疆西部伽师县和岳普照湖县一带流行的一种男性不育、女性不孕的地方病——伽师病的例子，说明其病因是由于病者饮用了硫酸根、氯、钠、镁含量过高的克孜河河水所导致，这与恐龙生殖功能的衰退有类似之处。

恐龙没有灭绝之说

2001年4月，美国古生物学家罗伯特·巴克在一所大学里举行讲座时，发出了一个惊人之语：恐龙，并不是像我们所想象的那样，而且现在，它们正在天空飞翔！此论一出，举座震惊。其实，这是继20世纪70年代古生物学界爆发的那场论战的延续，当然也是罗伯特·巴克毕生研究的最终成果。

国际古生物学界在20世纪后半叶，围绕着恐龙是不是热血动物、恐龙是否灭绝展开了一场论战。认为恐龙不是变温的冷血动物而是恒温的热血动物，这一学说的提出，改变了古脊椎动物学上的许多陈旧说法。

有研究者认为恐龙并未灭绝，鸟类就是恐龙的后裔，由此提出鸟与恐龙在分类学上应列为同一个纲。

此外，在恐龙的生态及生活习性

也提出了新的看法。难怪有人说，热血恐龙理论的出现，是古生物学上的一场革命。

其实，对恐龙化石的研究已经有170多年的历史。"恐龙"这一名称最早是由英国的古生物学家欧文（Owen，1804—1892）在1842年创建的。欧文在创建这一名称时，主要想概括当时已被发现的一些个体较大，样子有点叫人可怕的像蜥蜴一样的古代爬行动物，他把它们叫作"恐怖的蜥蜴"，中国的地质古生物工作者最初把它译为"恐龙"。

人们把恐龙描绘成像蜥蜴那样的动物，这种观念为恐龙的灭亡提供了口实：在物种演变的竞争中，恐龙因其懒惰、迟钝，总之因为它是低级动物而输给了哺乳动物，于6500万年前灭绝了。这种观点直到20世纪60年代，一直在人们的看法和科学家的见解中占支配地位。

美国耶鲁大学教授奥斯特罗姆在研究了一块1964年出土的恐龙化石后向传统学说发出了挑战，他认为，恐龙非常善于捕杀猎物，因此，它必定是一种动作非常敏捷、非常活跃的食肉动物。1969年他大胆地提出了看法，反对把恐龙看成是冷血和呆头呆脑的爬行动物。

作为学生的巴克，认为老师奥斯特罗姆言之有理，决定对恐龙的生活方式亲自进行调研。

巴克以分析耶鲁大学自然历史博物馆里的恐龙标本作为对恐龙这方面研究的开始。恐龙的标本那时都做成像蜥蜴的样子：前脚都向外张开，长着一个拖地的大尾巴。在他完成为期两年的对恐龙解剖学研究时，他深信标本的这种姿态是完全不对的。

他研究得出的结论是，恐龙跟大象等其他大型哺乳动物一样是哺乳动物，恐龙也跟其他哺乳动物一样能够调整体温，动作迅速。这一个还在引起争论的观点马上就赢得了支持者，他们认为这也是一个最有希望和前途的想法。它提出了一些需要思考的新问题，并展示了一些新的启示，像异军突起般给人们揭示了恐龙是一种完全崭新的形象。

与此同时，巴黎大学的里克莱通过完全是另一种的途径，几乎与奥斯特罗姆同时独立地作出了相同的结论。

里克莱在研究了多种典型的化石和现代动物骨骼的内部构造后，于1969年提出，从生理学上来看恐龙更近于哺乳类动物而非爬行类。

他强调指出，恐龙骨骼很像哺乳动物的骨骼，而非常不同于冷血的爬行类和两栖类，可能就说明它们是热血的。

1968年获得耶鲁大学硕士学位的罗伯特·巴克对这种新的思想作了全面的探索，他在《发现》杂志上发表的文章中进一步提出："如果恐龙真是行动缓慢的一堆冷血的肉，那么它怎能在数百万年中征服那些行动迅速的温血动物呢？"由此，他挑起了一场关于恐龙是温血动物还是冷血动物的大辩论。

尽管这场辩论引起传媒对恐龙见解的注意，但巴克的论点，就像他后来的许多工作一样，没有被他的同行们轻易地接受。

事实上，他关于恐龙是温血动物或热血动物的理论，使他成了少数派。他不顾一些同行的反对，仍努力寻找能证实他论点的有力证据。

直到1984年，他发现了一块支持他关于"恐龙是温血动物"论点的化石。这块化石显示恐龙走动速度很快，它捕捉猎物时的速度可与今日的食肉动物相比，这种速度只有能够保持体温不变的动物才能达到。

另外，恐龙有巨大的肋骨架，这就是说恐龙有巨大的心脏，这是快速新陈代谢的先决条件。这也是支持巴克关于恐龙是温血动物之说的一个证据。

巴克认为，在侏罗纪（2.13亿年到1.46亿年前）恐龙的栖息地不是像以前想象的沼泽地，而是随季节的变化时而干燥时而潮湿的地方，就像今天的非洲：有植物丰盛的雨季和植物枯萎的旱季。

巴克认为，恐龙必须像今天东非的大象那样随着雨水迁移，以便得到足够的食物。这样来回奔跑，冷血动物是做不到的。

爬行动物不可能有这种长途跋涉的持久能力。蜥蜴能蹦很短的距离，但不能作这种远程巡游。只有新陈代谢很快的动物才能做得到。

长期以来，在大多数人印象中，恐龙是在6500万年前左右被一颗大陨星撞死的似乎已成定论。

但实际上，迄今为止，科学家们提出的对于恐龙灭绝原因的假想已不下十几种，比较富于刺激性和戏剧性的陨星说不过是其中之一而已。有关学者还开列出其他几种原因：

（1）6500万年前地球气候陡然变化，气温大幅下降，造成大气含氧量下降，令恐龙无法生存。

（2）恐龙是冷血动物，身上没有毛或保暖器官，无法适应地球气温的下降，都被冻死了。

（3）白垩纪末期可能下过强烈的酸雨，使土壤中包括锶在内的微量元素被溶解，恐龙通过饮水和食物直接或间接地摄入锶，出现急性或慢性中毒，最后一批批死掉了。

（4）地球上曾经有一段被子植物时期，这些植物含有毒素，恐龙吃它们吃得太多了，体内毒素聚集过多，都被毒死了。

（5）恐龙年代末期出现了最初的哺乳类动物，这些动物属啮齿类，可能以恐龙蛋为食。这种小动物缺乏天敌，越来越多，最终吃光了恐龙蛋。

小行星撞击论很快获得了许多科学家的支持。1991年在墨西哥的尤卡坦发现一个发生在久远年代的陨星撞击坑，这又进一步证实了这种观念。

但也有许多人对这种小行星撞击论持怀疑态度，因为事实是：蛙类、鳄鱼以及其他许多对气温很敏感的动物都顶住了白垩纪而生存下来了。

这种理论无法解释为什么只有恐龙死光了。巴克认为，疾病是导致恐龙死亡的真正原因，但恐龙并未因此灭绝。

巴克相信，恐龙不仅习惯于海上生活，而且也没有灭种。1975年，他在美国《科学》杂志上发表的一篇文章中大胆宣称："有证明显示恐龙从未灭绝，仍有一种族活着，这个种族我们称之为鸟！"

昆虫的生存之道

有一些小甲虫专吃烟草内各种烟草，特别喜欢吃雪茄和香烟，令烟草商头痛不已。面包甲虫的口味也相当古怪。

它的幼虫在供船员食用的硬饼干上滋生，也爱吃干木、辣胡椒，甚至干姜。这些幼虫也是最具破坏力的蛀书虫之一——把书本的封皮、纸张和糨糊吃掉。据称曾有一只面包甲虫的幼虫蛀穿了书架上 27 册书。酒瓶塞蛾在酒瓶的软木塞上产卵，卵孵化后，幼虫便以软木塞为食。

有一种蛀木的甲虫，习惯在电话线的铅鞘蛀孔。水汽进入孔里，凝结后使电线短路，这种昆虫因而得了短路甲虫的名字。有一些甲虫在科学上很有用处，例如博物馆用吃腐肉的牙虫来清除标本骨骼上剩余的筋肉碎屑，比用人手清理干净得多，而且不费分文。

约在3亿年前，翼展达1米的史前蜻蜓在森林里翱翔。目前翼展最阔的昆虫是凤蛾，足有25厘米阔。最长的昆虫是热带蝗竹节虫，可达33厘米长。不过大部分昆虫很细小，长芥足约1厘米。最小的也许是仙女蝇，这实际上是一种小黄蜂，只有0.3毫米长，连最小的缝纫针眼它也可以穿过。

大多数昆虫只可活一年或更短的时间。东方蠊（一种蟑螂）寿命约为 40 天；家蝇可活 19～30 天；蚊可活 10 天到 2 个月不等。就昆虫来说，勤劳一生并不一定可以安享天年。工蚁虽可能有 6 年寿命，不过相信很少可活 1 年以上。

有些昆虫的成虫生命极短促。蜉蝣成虫的生命不足 1 天；而 17 年蝉名副其实，有 17 年寿命，不过一生大部分时间是幼虫期，在地下吸取树根汁液维生，成虫只生存几个星期。

科学家发现最长寿的昆虫是白蚁后，可活数 10 年。一只由科学家照料的蚁后活了 15 年；至于蜜蜂后则可活上 8 年。

科学家把臭虫列为一种特别昆虫，叫作半翅目昆虫。"半翅"指臭蝴翅的样子而言，翅基厚而坚韧，翅端则薄而透明。臭虫还有另一特征：长有尖锐的口器，可以刺进植物里吸取汁液，有时则吮吸动物的血，包括人血。

大多数臭虫都在陆上栖息，不过，仰泳虫、水龟以及田鳖等几种臭蝴居于水里。美国的田鳖一般都长达6厘米或以上，而南美洲则有一种特别长的田鳖，身长可以超过13厘米。

由于眼睛的构造不同，昆虫眼中的世界跟人类的大有分别。不论是家蝇、胡蜂、蝴蝶还是甲虫，所有昆虫都有由若干独立小眼组成的复眼（有些品种兼有单眼）。若干种蛾及蜻蜓每只眼有 3 万小眼，但蚁可能只有 6 只小眼。

每只小眼都有小眼面，拼合成昆虫所见的视像，像一幅放得很大的新闻照片上的小点一样。因为昆虫眼睛的小眼面焦点固定，不能调整焦距，所以昆虫分辨物件形状的能力很低。另一方面，复眼察觉动作却特别敏锐，既可提防天敌，又可追捕猎物。

苍蝇和蜻蜓的眼睛占去头部大半，视野差不多广达 360°，能察觉从上、下以及后面来袭的天敌。蚂蚁一生大部分时间活在地面下，只有退化的眼睛，有若干种更是瞎的。

蚊子以惹人讨厌闻名，其实只有吸血品种的雌蚊才吸血，雄蚊则以植物汁液及花蜜为食。蚊子并没有可以咬东西的口，其口器已改作刺穿及吸吮之用。

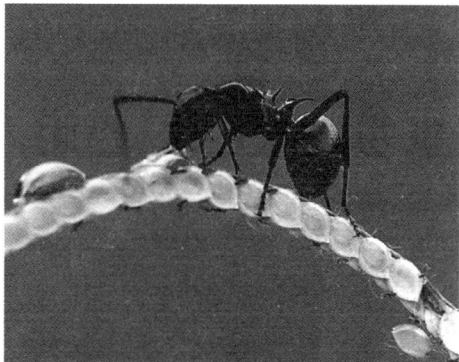

蚊把针状吻刺进人的皮肤时，会注入含防止血液凝固物质的唾液，这种物质引起的反应，是肿痛发痒。蚊与蝇同属一目。其他多种蝇虻，包括豆蚜、牛虻、鹿蝇及绿头虻都有吸血的特性。这些昆虫只有雌性成虫才吸血，雄性则以花蜜及花粉为食。

非洲的采采蝇是传播致命昏睡病的昆虫，不论雌雄都以吸血为生。

我们活在一个昆虫世界里。昆虫的种类比别的动物多，在数目上，昆虫也比其他动物多。昆虫的分布地区极广，由热带到两极地区都有，栖于雨林、沙漠、建筑物等处，有些更生活在盐湖及石油苗中。

昆虫在自然界得以繁衍，有几个因素。昆虫的身体细小，易于躲避天敌，而各自所需的食物极少。大多数昆虫的生活周期短促，因此世代交替甚快，可以迅速适应环境的改变，比如说抵抗新的杀虫剂。不过，最重要的因素也许是昆虫惊人的繁殖速度。科学家计算过，一对家蝇产下的后代如果都能生存和繁殖，4个月后，总数可达 192×10^{18}。如果人类可以立刻灭绝所有昆虫，世界就会截然不同了。那样世界会舒适得多，因为再没有咬人的蚊蝇。由于没有破坏农作物及传播疾病的害虫，世界也会更加兴旺。

不过，没有昆虫传播花粉，很多植物，包括主要的粮食及饲料作物，就不能再繁殖。没有蚁钻松土壤，许多地方都会贫瘠起来。没有蜜蜂，我们就没有蜜糖及蜂蜡。夏天晚上也不会有萤火虫闪亮。很多爱吃昆虫的鸣鸟、爬虫及两栖动物都会绝种。甚至连鳟等供人捕钓的鱼，由于有时主要依赖昆虫过活，生存也困难起来。

水族的生存之道

鱼没有眼睑，不能闭目，但鱼要休息或睡觉。举例来说，金鱼和棱鱼白天成群游弋，到晚上各散东西，独自在水底休息。有些裂唇鱼俯冲至水底，扭动身体钻进水底松软的泥土中休息，连影子也找不到。有些鱼侧卧休息，靠着石头或钻入石缝中。

鹦嘴鱼分泌黏液，制成一条"毯子"把自己裹起来休息，每天晚上都要花一小时或以上的时间做"上床前的准备工作"。鳗鲡扭动身体做 S 形的前进，像蛇那样。狼鲈石斑鱼左右摆动身体向前游。

鱼游动时，前进动力来自沿鱼体两侧的 W 形结实肌肉，这部分肌肉占鱼体重的 3/4，也就是我们通常食用的鱼肉，鲫鱼烧熟后很容易分开的一片片或一块块的肉。鱼鳍一般用于控制方向、制动或起稳定的作用。

鱼类大多在孵化后几星期内长出鳞片，最后全身长满一片挨着一片的鳞片。鳞片之上有一层薄膜，分泌一种黏液，起封存体液和抗病的作用。

雀鳝是美洲中部和北部一种茄形的鱼，鳞片特别坚硬，不像屋顶瓦片那样一片挨着一片排列，却像墙砖一块块地叠起来。

鲟身上也有类似的鳞片，成为保护身体的护甲。鲨和鳐的鳞像牙齿，内有牙质和牙髓，外有一层坚硬的珐琅质。更有一些鱼不长鳞，例如鲶鱼、带鱼等。

大多数鱼的鳞片总数一生不会改变，但是鳞片随着鱼的长大而增大，其生长线记录鱼的一生，犹如树木的年轮一样。科学家可从一片鱼鳞，断定鱼的年龄、第一次产卵的年龄、哪段时期生长最快，以及洄游的次数。

对渔夫来说，逃掉的鱼往往是最大的。但是鱼类中的大鱼，对诱饵是绝对不会感兴趣的。鲸鲨长的达 13 米，重可达 20 吨，吃的是浮游生物，即海中的微小动植物。

最小的鱼是产于菲律宾湖泊中的褴虎鱼。这种微小的鱼，集数千条才够一磅重，煮熟后做成鱼饼供食用。成鱼长不足 1.6 厘米，不但是世界最小的鱼，而且是最小的脊椎动物。

鲱用鳃滤水，以滤得的小生物做食物；亚口鱼用凸出的吻吸取海底的泥土，筛取有机物质做食物；匙吻鲟用匙状吻探取群集的微生物食物；鳢及其他兼吃植物的鱼类，用特殊的牙齿磨碎食物。

大多数鱼均以其他动物为食，一般都是囫囵吞下或大块大块地吞下。鱼的牙齿用于咬、衔或撕碎猎物，不用于咀嚼。海中

的鲨和蜥、湖溪中的白斑狗鱼等，利用锐齿咬住猎物。鹦嘴鱼的牙齿已融合为一体成为坚硬有力的喙，可用来啄开大片珊瑚，从石灰石的珊瑚架中取出软体珊动物来。

对爱把野生动物人格化的人来说，南美洲这种40厘米长的鱼，可说是既凶恶，又嗜血成性。只要那片水域染了鲜血或发生动乱，就会引来大批剑齿鱼，疯狂抢食。

剑齿鱼的牙齿锋利，一群鱼可在数分钟内把一头猪那么大的动物吞噬尽。剑齿鱼通常以捕食小动物维生。这种鱼堪称为灵巧的猎者，说它们凶恶成性似乎太过分，还没有真确的记载证明曾经有人惨遭这种食肉鱼吞噬。

鱼缸里的金鱼嘴巴一开一合有节奏地吞水，它就是在呼吸。鱼吸入的氧来自水中，而不是来自空气中。这样，鱼不但不会溺死，反倒依赖水而生存。

水从鱼口流入鱼鳃，鳃由肉质细丝构成，接近表面处满布血管。血液把鱼体细胞排出的二氧化碳输送到鳃部，在这里与溶于水中的氧交换。鳃工作的效率很高，可吸取溶于水中的氧量达75%。

水中溶氧量多寡，会直接影响该水域产鱼的种类，水温低含氧较多，而鳟需氧量较大，所以常栖于冷水域。相反，鲤和鲶鱼在含氧量低的水域生活得很好，水流缓慢的溪流是这类鱼适宜生存的水域之一。

胎生鱼的品种极少，其中有虹鳟、剑尾鱼及多种鲨和鳐。美国加利福尼亚州近岸海域的一次能产小鱼30 000条，其他胎生鱼类生产的小鱼则少得多。

卵生鱼类产卵数量比胎生的多得多，如鲭、鳕、鲟、鲽、鲤等，每次产卵量达数百万。鱼子就是鱼卵，尤指在活鱼体内有卵膜包裹着的卵子。

在产卵季节，鱼子几乎占雌鱼体重的1/4。鱼类多半不照料幼小，只有海马、刺鱼等几种才造窝或保护后代，这是雄鱼的工作。

第五章

谜一样的动物传奇

动物变迁某种程度上就像地球亿万年间经历的沧海变幻的缩影，无数物种从诞生、繁盛走向巅峰，迎来属于自己的世纪，像恐龙一样成为地球的霸主。然而，即使这种驰骋地球万年的庞大物种也没能摆脱灭绝的命运，之后又有数不尽的生命走向相同的绝境，这其中隐藏着怎样的秘密？地球上都有哪些神秘莫测、令人百思不得其解的动物奥秘呢？

原牛奥秘追踪

原牛于 1627 年灭绝。

原牛曾经遍布欧亚大陆，但由于人们的残酷捕杀，到 2000 年时，只有欧洲中部还有一些原牛。

原牛是家牛的祖先。原牛体态魁伟，肩高 1.8 米，双角尖耸，在古罗马统治者恺撒大帝的《黑森林》一书中曾描述：原牛略小于象，色彩独特，体型巨大，速度超群，无论面对人兽，它们都不示弱，无法被驯化，就是幼牛也很难驯服。

原牛虽分布在欧洲，却是与欧洲野牛完全不同的物种，在古代欧洲有很多神话是以原牛作为原型的，而不是以欧洲野牛。

希腊神话中记述：雕尼基王之女欧罗巴被宙斯施法化为白牛，运往克里特，以后嫁给克里特王。这里的白牛即为原牛。

在过去，人类长期捕杀原牛，欧洲的年轻人曾以捕杀原牛为一种强身之法，在追杀中取乐，还以拥有众多的原牛角为荣耀，他们热衷于在原牛角上镶上银

边，用做筵席的饮具。

到了 11 世纪，原牛数量已经很少了，只有在东普鲁士、立陶宛及波兰的野外还有少量残存，其他地方的原牛已经被人类全部捕杀。

到了 1359 年，东普鲁士、立陶宛的原牛相继灭绝。只有在波兰还能见到原牛的踪迹，此时波兰泽母维特公爵下令保护原牛，使波兰成了原牛最后的保护地。

但原牛仍遭到人类的捕杀，到 1599 年时，只剩下 20 只生活在波兰西部森林中，到了 1620 年便只剩下最后 1 只，这只原牛一直活到 1627 年，它的死去，代表着原牛从此灭绝。

中国犀牛奥秘追踪

中国苏门犀于 1916 年灭绝。

中国大独角犀于 1920 年灭绝。

中国小独角犀于 1922 灭绝。

中国犀牛曾广泛分布在中国南方各省，它们主要栖息在接近水源的林缘山地地区。

犀牛一般体长在 2.1～2.8 米，高 1.1～1.5 米，重 1 吨。它有许多独特的外貌特征：异常粗笨的躯体，短柱般的四肢，庞大的头部，全身披以铠甲似的厚皮，吻部上面长有单角或双角，还有生于头两侧的一对小眼睛。

它们虽然身体庞大（犀是仅次于象的第二大陆生动物），相貌丑陋，却是胆小不伤人的动物。不过它们受伤或陷入困境时却凶猛异常，往往会盲目地冲向敌人，用头上的角猛刺对方。

它们虽然体型笨重，但仍能以相当快的速度行走或奔跑，短距离内能达到

每小时 45 千米。中国原来有三种犀牛：大独角犀（印度犀）、小独角犀（爪哇犀）和双角犀（苏门犀）。它们本该无忧无虑地永远生活在中国南部，可是它们头上的珍贵犀牛角成了它们灭绝的主要诱因。自私的人们把犀牛角当成珍贵的药材，同时也将它与象牙一样用来雕刻制成各种精美的工艺品。

人们还残忍地将犀牛的皮和血入药，在中国宋朝就有用犀牛角入药的记载。造物主赐予犀牛的这些优点成了它们致命的诱因。

人们认为犀牛是上乘中药，由于犀牛数量稀少，因此越发显得珍贵，只有有权、有财的人才能享用。

到了清朝，南部诸多官员为了使犀牛角成为自己的私有财产，发出公告，不许民间乱捕犀牛，只许官方猎杀。这样犀牛遭到了官兵的狂杀滥捕。

他们打死犀牛后，当场就把犀牛的角锯下，然后多数进贡给他们的上司和皇上，为他们以后升官发财铺平道路。

当时最多出动上千官兵，一次能捕几十头犀牛。民间一些人为了发财也大量偷捕犀牛。如此疯狂捕杀，到了 20 世纪初，犀牛在中国所剩无几。

这时的犀牛角更显珍贵，但据当时官方资料，在 1900—1910 年，仅 10 年间，官方和民间进贡的犀牛角就有 300 多只，这还不包括偷运到国外的！而在这之后，犀牛很少捕到了，直至 1916 年最后一头双角犀被捕杀；1920 年最后一头大独角犀牛被捕杀；1922 年最后一头小独角犀被捕杀。在这最后十余年间，共捕杀不足 10 头。1922 年之后，没人在中国再看到任何一种犀牛。

古代巨象奥秘追踪

在西伯利亚的毕莱苏伏加河畔，1979 年在冻土里曾发现了一头半跪半立的古代长毛象。这头长毛象显然是被"速冻"的，因为它不但身上的肉新鲜如初，最奇异的是它的毛发里藏着鲜花。

在西伯利亚的冻土带，有许多这样的巨象。经专家测定，它们和前面提到的那头长毛象一样，至少生活于距今 2 万年以前。

毕莱苏伏加河流域的很多人见过那头象的肉，既鲜嫩又富有弹性。而以往或其他地方发现的被深埋冰藏的古动物，都是骨肉难分，黏成一团。

那么，古长毛象的鲜肉是怎样保存下来的，它的死因是什么呢？有人说，这是古长毛象在觅食时失足坠下冰川而死，最后被天然冰箱冻藏起来，所以能历经万年而保持新鲜。

事实是不是这样的呢？发现古长毛象的地区并没有冰层或冰川，只有冻土苔原地带，而冻土是由土壤、沙或者淤泥构成的，也就是说长毛象是在冰土里保持新鲜的。而且，西伯利亚在 1 万年或者更久以前并没有冰川。

据此，又有人说，这些长毛象是由它们生存的上游冰川失足坠入河中，顺流冲至下游河边并被埋在淤泥里。而这又是说不通的，因为古巨象并不是在河边找到的，而是在离河很远的苔原上找到的，最重要的是，它们都保持站立或半跪的姿态，应该是瞬间死亡。

食物冷冻专家则说，像西伯利亚这样的气候，绝不可能速冻古象。谜团越来越多……在一般情况下，要速冻400千克左右的肉，需要-45℃以下的低温，而要速冻体积达23吨并有厚毛皮保暖的活生生的长毛象，估计需要-100℃以下的低温，而我们居住的地球，从未有过这样的低温！更何况，这头发掘自毕莱苏伏加河畔的长毛象，毛发里还藏有金凤花。

金凤花是在温暖湿润的环境下生长的，在阳光下悠闲地啃着金凤花的长毛象，突然被严寒当场冻死，这是现代科学无法解释的。

有人推测，这头古代长毛象正在西伯利亚的冻土带上吃草时，寒冷的狂风突袭了它，这种温度极低的狂风，像电冰箱里循环的冷气，瞬间包围住长毛象的全身，使它的内脏立刻冻结，血液也全部冻住。几秒钟之后，它就死亡，几小时之后，它变成了坚硬的塑像，年复一年地沉入地下。

然而，很多人并不同意上述推断，因为如果真有那样的狂风的话，所有的动物甚至整个地球都被毁灭了。这头古长毛象的肉为何万年新鲜不变，可能是一个永远的谜了。

驼羊奥秘追踪

野生驼羊于16世纪后期灭绝。驼羊曾分布在南美的西部和南部，是南美四种骆驼形动物中最有名的一种，早在1000多年前被驯化，是西半球人驯化成驮兽的唯一一种动物。

驼羊的肩高有1.2米，它的身上长着优质而浓密的长毛。

驼羊喜欢栖息在海拔高的草原和高原上，最高海拔可达5000米。驼羊喜欢小群生活在一起，一般5~10只。

雌兽由一只壮年雄兽率领，群内的雌兽都非常忠诚于头兽，如果头兽被敌害所伤，它们并不逃跑，而是聚在头兽身边用鼻子拱它，试图让它站起来一起走。

狡猾的人类就是利用它们这一特点，可一次捕杀一群驼羊。驼羊从不到树林和多岩地区去，主要以草为食。驼羊性情机警，视觉、听觉、嗅觉均很敏锐，奔跑速度也很快，每小时可达 55 千米，这些为它们在开阔地带生活，逃避敌害起到了至关重要的作用。

驼羊一般在 8—9 月间交配，幼仔出生后即可奔跑，雄性幼仔长大后即被赶出群体，另组成年轻的雄兽群，直到性成熟后再另外与雌兽组成新的群体。

驼羊的寿命可达 20 年。驼羊对于当地的印第安人来说可谓全身是宝，几乎100% 被印第安人利用：肉可食，毛可织成衣服，皮可做鞋，脂肪可制蜡，连它的粪也可做燃料。

正是这些原因，使当地人长期以来一直捕杀驼羊。特别是在 16 世纪中期西班牙人来到这里后，开始大规模捕杀驼羊，给驼羊带来了灭绝的厄运。

到了 16 世纪后期，野生驼羊在人类不知不觉的捕杀中全部灭绝了。目前，世界上的驼羊全部是 1000 多年前驯化驼羊繁殖的后代。

南极恐龙探秘

恐龙生活在史前时代，它的繁盛一时突然消亡，一直是科学界神秘主义者们津津乐道的话题。现在世界各大洲几乎都发现了恐龙化石，凡是人类能栖息生存的地方，都有恐龙曾经生活过的痕迹。可是，最近科学家们在南极山区挖掘火山碎石的时候意外地发现了恐龙的遗骨。这是人类第一次在基本上没有生存条件的冰雪地带发现它们。

围绕着这些化石的发现，古生物学家和地质学家们马上卷入了激烈的争论。

有的科学家从根本否认那就是恐龙化石，理由很简单，在那么寒冷条件下，根本不允许体积庞大的动物存在。

至于挖掘出来的碎化石，很可能是一些巨型鱼类的遗骨，在地壳运动的过程中转移到山地而变成了化石。

1986年阿根廷地质学家曾经在南极半岛附近的杰梅斯·罗斯岛上挖出过类似的东西，当时也被鉴定为恐龙化石，不过在化石周围有很多海洋沉积物，所以被怀疑是从别的大陆漂移过来的。

最初发现并鉴定这些化石的是美国伊利诺伊州奥古斯塔那大学的古生物学家威廉·哈默。他坚持自己的观点，虽然这些发现令他自己也十分吃惊。

美国科学基金会肯定了他的成果，并由此可以证实2亿年前南极大陆应该是比较温暖，适合于动植物生长的地方。同时，这个发现也可能为恐龙灭绝之谜提供一个新的思考方向。

也有的科学家用"大陆漂移说"来解释恐龙的出现。过去，南美洲、非洲、澳大利亚，印度和南极大陆是连在一起的，共同构成冈瓦纳超级大陆。大约在1.2亿年前，这块大陆开始分裂，生活在这块大陆上的动物也各奔东西。

生活在超级大陆南部的动物，包括恐龙，逐步随着陆地南移至南极，气候也逐渐趋冷。如今，除了少数的海生哺乳动物可以在南极生活外，其他的动物大部分已经灭绝了。这一次恐龙化石的发现，又一次证明了"大陆漂移说"是解释陆地形成的最有力的理论根据。

虽然古生物学家与地质学家各执己见，但有的天文学家却提出了自己独特的见解。他们根据大量的天文观察和行星轨道数据，推测地球有两种方向的自转。一种是东西方向，每天一周。还有一种是南北方向，10多亿年才转一周，几乎观测不到，但有证据表明地球的南北极曾经反转过。

如果地球有南北自转的话，那么恐龙在南极出现就一点也不奇怪了。因为现在的南极大陆在恐龙繁盛期可能并不是位于地球的极侧，而是处于温带或亚热带的位置，气候非常温暖湿润，适于大型动物的生长。

只是随着南极大陆逐步向南偏转，气温降低，恐龙才无法生存而趋于灭绝，但是化石却因埋在地层而保留下来。

不管怎么说，恐龙化石在南极的发现都将是科学史上的一件大事，它证实了科学家们以前的一些猜想，却也对以往的一些理论提出了挑战。

它带给人们的不是更多的答案，而是更多的问题。究竟如何，我们将期待更多的证据，才能下进一步的结论。

海洋巨蟒奥秘追踪

广袤无垠的海洋中，有无数的未解之谜。海洋巨蟒之谜，就是其中之一。

100 多年来，人们多次看到这巨大的怪物，甚至还逮住过它，可就是没有弄清它的真面目。

1851 年 1 月 13 日，美国捕鲸船"莫侬加海拉号"正在南太平洋马克萨斯群岛附近海面航行。突然，站在桅杆旁瞭望的海员大声惊呼起来："噢，那是什么？""不是鲸，从来没看到过这种怪物！"

船长希巴里听到海员的喊声急忙奔上甲板，举起望远镜看了一下，命令说："是个怪兽。快朝它靠拢！抓住它！"船上立即放下三艘小艇，船长亲自带上长矛，乘上小艇，向怪兽疾驰而去。

好一个庞然大物！只见巨兽身长足有 31 米，颈部粗 5 米多，身体最粗部位有 15 米；头呈扁平状，有皱褶，尖尾巴，背部黑色，腹部暗褐色，中央有一条细细的白色花纹，犹如一条大船，在海中游弋。船员们惊呆了！还好船长久经沙场，当小艇摇摇晃晃地靠近巨蟒时，他一声呐喊："快刺呀！"几艘小艇上的船员一齐举矛奋力刺去。顿时，血水四溅，巨蟒受了重伤，在大海里翻滚挣扎起来，激起了阵阵冲天巨浪。船员们冒着生命危险，与巨蟒进行殊死搏斗，最后，巨蟒终于寡不敌众，力竭身死。

希巴里船长把巨蟒的头部切下，撒上盐榨油，竟榨出十桶水一样透明的油！

但遗憾的是"莫侬伽海拉号"在返航时遇难，下落不明，本身也成了一个谜。有人甚至猜测，这是死蟒的伙伴进行了报复。

1917年8月，另一艘船在美国马萨诸塞州格洛斯特港的海面上遇到了更大的海蟒。船长索罗门·阿连事后描述道："当时像巨蟒似的家伙在离港口130米左右的地方游着。这个怪兽长40米；身体粗极了，整个身子呈暗褐色；头部像响尾蛇，大小如马头。巨蟒消失时，笔直地钻入海底，过了一会儿又从180米远的海面上出现。"

船上的木匠伽夫涅兄弟和维巴三人同乘一艘小艇去垂钓时，也遇到了巨蟒。伽夫涅讲述当时的情形时说："我在靠近怪兽20米左右的地方开了枪。我的枪很好，射击技术也完全有把握。我是瞄准了怪兽头部开枪的，肯定命中了。怪兽就在我开枪的同时朝我们这边游来，一靠近，就潜下水去，钻过小艇，在30米远的地方重又出现。它不像鱼类那样向下游，而是像一块岩石似的沉下去，笔直笔直地往下沉。我当时清楚地感到射中了目标，可是那怪兽却像丝毫没受伤……"

迄今为止，不仅在太平洋、大西洋、印度洋，甚至在非洲附近的海上也有许多人看到过巨蟒。然而，它究竟是何种动物，一直没有搞清楚。

神秘"海怪"奥秘追踪

人们经常在海边发现鲸和海豚集体自杀的事件，但直到今天，科学家也没有搞清楚究竟是什么原因导致这些海洋动物走上了绝路。其实，从过去的一些记录中可以寻到蛛丝马迹，因为过去和现在的很多记录都记载着众多目击证人叙述的有关人与神秘"海怪"危险遭遇的故事，提供这些材料的有俄罗斯人，也有一些国家商船队的海员和海军。研究人员认为，鲸和海豚集体自杀可能与

"海怪"有联系。

前苏联海军军官 Y. 斯特里科夫曾报告说，他和他的大部分海员曾在南库里尔岛的国后岛附近看到过一条大海蛇，事情发生在 1953 年，海蛇在水中的速度奇快，游过他们的船只，潜入水中，竟然没有溅起一丝水花。驻守巴伦支海 6 年后，A. 雷佐夫船长指挥的苏联海军巡逻艇 SKR-55 上的海员们看到他们的船附近游着一条海蛇。北部海域的海蛇大都呈现茶褐色，靠近南极洲的南部海域里的海蛇是浅棕色，它们通常在浅滩游，这些海蛇每群有 30 条之多。

美洲探险家比里特和里德格维讲述了他们在 1966 年 7 月夜间遇到一条大海蛇的故事，当时两名探险家正划船经过大西洋，一个晚上，他们看到了一条像蛇一样的大怪物的脑袋浮出水面，两人惊呆了，它的颈很长很灵活，眼睛突出，而且像碟子一样大，眼里闪着绿光，瞪着船上的人，怪物与船只平行游行，眼睛一直盯着两位探险家，游过船只，这个神秘动物的大躯体闪亮了一会儿，便潜入水底，洋面上留下一道荧光。两位探险家称，怪物怕光，而两人的感觉就像一对野兔在巨蟒的凝视之下不寒而栗，即使看到了远处海蛇的眼睛，人们也会感到心惊胆战。

还有一个名叫乔治·泽戈斯的加拿大渔民讲述了他亲历的事实。一天，他在温哥华岛附近捕鱼，"突然，我觉得有些异样，背上凉飕飕的，我感觉有什么东西看着自己，转过头去，我看到一个怪物从水面上探出头来，距离我的船只约 50 米。它颈部很长，至少有 2 米长，直径有 30 厘米，两只黑眼睛瞪着我，眼睛从头部突起，头的直径约 40 厘米。"乔治·泽戈斯说。

16 世纪早期，瑞典科学家奥伦斯·玛格努斯曾发表了他的名为《海图》的著作，书中写道，对于那些乘较小船只的水手而言，海怪尤其危险。也曾有报道说一些海员曾丢弃了他们的船只，原因不详，事后部分被遗弃的船只被打捞到了，人们发现，除了甲

板上几只瑟瑟发抖的猫和食堂里冷冰冰的饭菜之外，什么也没有。

过去 10 年，世界各地也曾有很多有关大量鲸、鲨鱼和海豚跳上海岸的报道，在南、北美海岸，南非海岸和澳大利亚海岸（塔斯马尼亚岛）以及日本海岸，这些海洋动物会定期跳上岸。从 12 月到次年 3 月，这些海洋动物会自行靠近海岸。据报道，有些动物靠近海滨的速度迅速，好像是遇到了危险急切寻找安身之地一样。但是，有些动物靠近海岸的速度相当缓慢和平稳。一次，海上援救工作人员把它们放回水中后，它们又跳回岸上，如果工作人员把它们放进一个不同的区域，它们就会安全地游走。

在美国西海岸的一个地方，海豚每年跳上海岸前，它们都会沿着海岸游来游去，每年都会有成千上万的游人在此观看。这一现象被称为"游行检阅"。但是，为什么在"游行"的最后海豚会跳上海岸？现在，一些科学家相信，它们一定是受到了某种不明来源的生物的影响。研究中很多迹象显示，一种强大的能量让鲸类跳上海岸，这种能量可能是由一种类似海狮或者海豹的动物释放的，我们姑且把它叫作"海狮"。

与海豚的大脑相比，海狮的大脑更加发达，通过发射高频脉冲，它的大脑活性可对鲸类产生一种催眠的作用，这样就会出现上面提到的海洋动物惊恐和自杀倾向的情况。其结果就是，如果它们碰巧处于海狮的辐射区域，就会开始四处逃窜。至于海狮，它们生活在海洋洞穴中，通过水下通道海洋洞穴与岛上和海岸区的陆地洞穴相连接。世界各地至少有 7 种海狮，据说，海狮的栖息地是格林兰附近的区域和加勒比海东部区域。此外，火地岛东部，印度洋最南端（靠近南极洲），所罗门岛附近，楚克奇海（弗兰格尔岛北部）也有海狮。海狮并不以鲸类为食，海狮只是想要借助高频能赶走鲸类。

"里"的奥秘追踪

"里",是巴布亚新几内亚新爱尔兰岛上的土著巴洛克人对一种海洋动物的称呼的音译。这种动物的头和躯干跟人很相似,叫的声音也跟人很相似,但没有脚,尾部像个弯弯的钩子。许多巴洛克人都见过这种动物,甚至有人还曾捕捉过它。

1983 年 6 月,美国《潜动物学》杂志主编理查德·格林威尔、人类学家罗伊·瓦格纳、地理学家盖尔·雷蒙特三人前往新爱尔兰岛,对"里"进行实地考察。他们到达新爱尔兰岛后,首先到村庄里进行访问。他们遇到的巴洛克人,几乎都肯定了"里"的存在。过了两三个星期,他们动身去了诺公湾。因为有人告诉他们,那里几乎每天都有人能看到"里"。

诺公湾大约有 1500 英尺宽,两边都是高耸的岩石,海水呈青绿色,海滩上零零星星有几座茅草小屋。他们到达后就开始调查有关"里"的情况,但这里的人都说不知道。后来他们才弄明白,居住在这里的是苏苏拉加族人,在他们的语言中,把"里"叫作"伊尔卡"。他们对"伊尔卡"的描述与巴洛克人的完全一样,只是更详细一些。"伊尔卡"长着两条跟人一样的手臂,分别在身体的两侧,两只眼睛在头部的前方,嘴小而突出,下半身跟鱼差不多,没有鳞,皮肤很光滑。

从他们的描述上看,很接近人们都知道的儒艮,因为这种动物就生活在澳大利亚和新几内亚一带海域,可是当地人清楚地知道儒艮这种动物,在他们的语言中,儒艮叫"内拉西",不是"里"或"伊尔卡"。

他们听当地人说,这种动物经常在清晨和黄昏时出现,所以,格林威尔和瓦格纳一清早就出发了,雷蒙特留在村庄附近进行观察。太阳刚一露面,他们

就来到了海边。这时，一群孩子在向他们招手，原来孩子们发现了一只"伊尔卡"。他们跑到孩子们那里，向海面望去，发现了一个黑色的、光滑而又细长的动物，呈曲线形跃出水面，然后又钻进水里，露出水面的时间大概只有2秒钟。他们没有看清它的头、肢体和脊鳍，但却看到了它能轻易地朝背后弯曲，这是一般海洋哺乳动物所办不到的。10分钟以后，它又出现了。以后每隔10分钟就露出海面一两秒钟，越往后，露面的时间越短。他们还曾看到它的钩头尾巴，瓦格纳赶紧按下了照相机快门，但由于距离太远，拍的照片很不清楚。

他们回到村庄后，才知道雷蒙特比他们提前看到了"里"，并且还看得比较清楚。他说，那是一个细长的、浅棕色的动物，没有背鳍，在水里游得很快，就像鱼雷一样。在以后的几天里，他们天天在海边观察，但再也没有像第一次离得那么近，并那么长时间看到"里"。他们在近海的海坐布下了大网，希望能捕到"里"，但愿望落空了。

他们返回美国后，走访了夏威夷海洋研究所。在那里，他们把"里"与各种海洋动物进行了比较，没有找到与之相似的动物。只有两种海豚是没有背鳍的，但它们的生活习性与"里"相去太远。至于海豹，那个地区根本没有。要说是儒艮倒是有可能的，不过儒艮只能在水下待1分钟左右，而"里"每隔10分钟才到海面换一次气。再说儒艮游得很慢，在水面时身体也不能弯曲。这些都与"里"不同。

他们请教了不少海洋生物学家，谁也没有说清他们看到的到底是什么动物。也许他们发现的是一种新的海洋哺乳动物。"里"的秘密，早晚有一天会大白于天下。

动物杀婴探谜

我们经常可以看到动物爱护幼崽的情景，比如一只母鸡带着一群小鸡崽，一旦遇到危险，母鸡就会把小鸡拢在自己羽翼下。但动物的杀婴现象也十分普遍，从灵长类、食肉类、啮齿类，到鸟类、鱼类都有发生。据观察，在猴子、猩猩和狒狒中就经常发生杀婴现象；在空间很小的实验室里，鼠笼里的母鼠也常常咬死刚生下来的鼠崽；而黑鹰则会毫不犹豫地将自己生出的第二只雏鹰杀死。

该怎样解释这种奇怪的现象呢？

美国人类学家多希诺认为，由于动物繁殖过多，为了减少对食物的竞争，才出现了这种杀婴现象。他认为实际上这是动物为了维护生存的平衡而采取的一种办法。这种说法，可以解释一些动物的杀婴行为。但有些动物并不是因为繁殖过多而杀婴的，所以，有人又提出了另外一种假说，即优胜劣汰说。他们发现，灰尾叶猴过着群居生活，一般由 1～3 只成年雄猴为头领，领导着 25～30 只猴子。当一只年轻雄猴登上首领宝座时，会杀死几乎所有未断奶的幼猴。发生这种情况绝非因为空间狭小，也绝不是由于食物不充足。他们认为，这个新首领杀死所有未断奶的幼猴，是为了更快地得到自己的子孙。因为一般哺乳动物在哺乳期不发情，杀死吃奶的小猴可使母猴早发情，以便尽早育出头领的子代。通常这种杀婴行为都是在短期内进行的。比如雄鼠与母鼠交配 15 天后就停止杀婴，大概是为了防止误杀自己的后代。一旦自己的幼鼠出世，雄鼠一反往日的残暴，对幼鼠关怀备至。

这种说法也有其不能自圆其说的地方。比如有些动物如兔、绒鼠、袋鼠、黄鹿等，产后即可发情，它们为什么也要杀死子婴呢？还有一些动物，在它们

有了子代以后也未停止杀婴，这又是为什么？

看来，对动物杀婴现象要想做出圆满解释，还有待于进行深入研究。

海底蠕虫探谜

蠕虫是近年来被发现的新动物品种。那是在 1979 年的冬天，美国的一支海洋考察队在太平洋加拉帕戈斯群岛附近水深 2500 米的一个海底温泉口处，发现了一种新的须腕动物，科学家们暂时称它为"大胡子蠕虫"。这是一种人们从未见过的神秘生物，它的躯体长约 2 米，没有嘴、眼睛和消化系统，只有神经系统，全身的颜色是粉红色的。

要知道，在 2000 多米的深海，是没有阳光的，蠕虫为什么能在这样的环境中生活呢？它又以什么东西为食呢？这个问题引起了科学家的兴趣。

海洋动物学家认为，大胡子蠕虫不可能获得海水表面那些依靠太阳能在光合作用过程中形成的碳水化合物。那么，蠕虫所需的能量又是谁供给的呢？科学家们经研究发现，这种蠕虫是从生活在自己体内的细菌身上获得能量的。原来，细菌和大胡子蠕虫处于共生状态。这种细菌具有特殊的本领，它利用溶解在海水中的二氧化碳和海底温泉水里含有的硫化物进行化学合成，形成碳水化合物，供蠕虫吸收。

要完成这样的合成作用，必须依靠一种重要的物质——酶。加利福尼亚大学的三位生物学家经过研究，发现大胡子蠕虫体内的细菌能够制造这种酶。由此，科学家们就初步揭开了大胡子蠕虫为什么能在永久黑暗的海底生活这一自然之谜。

但是，大胡子蠕虫身上还有一种谜没有解开，即蠕虫为什么能和细菌共同生活？这仍然是科学家们研究的课题。另外，经研究发现，蠕虫是寿命最长的生物之一。前面说过，这种蠕虫有 2 米多长，实际上是指它为自己建造的供居住的管子的长度。据分析，蠕虫建造这种管子形的"住宅"的速度很慢，哪怕是 1 厘米长也需要 250 年，要建造 2 米多长的管子，需要多少年就显而易见了。大胡子蠕虫为什么会有如此长的寿命？这对于科学家来说，还是个难题。

带鳞乌贼探谜

大家都知道，乌贼是软体动物，广泛分布于世界各地的海洋中，大约有 600 种，最大的竟长达 20 米，小的只有两三厘米长。它的体表光滑，没有鳞片。可是苏联的一位海洋生物学家约·尼·尤霍夫，竟然在海洋里发现了身上带有鳞片的乌贼。

有一次，他带领一个科学考察小组，在南半球的海域从事调查抹香鲸的摄食对象的工作。这项工作十分麻烦，他们要剖开一头头抹香鲸的胃，将里面的东西一一清洗、登记、测量和拍照。

一天，他们在检查一头抹香鲸的胃时，突然发现一条绛红色的乌贼，它的身上竟然长着一层鳞。这条乌贼身体壮实，头长得很大，比一般乌贼都要长一些。紧接着，他们从这头抹香鲸的胃里，又翻出了几条身上有鳞的乌贼，其中最大的一条有 2 米多长，腹宽大约有 1 米，这些乌贼都不长触手。这一发现，使尤霍夫兴奋异常，开始对这些乌贼进行认真的观察研究。

尤霍夫发现，这种乌贼并不是全身都长着鳞片，它们的尾腔和一些末梢部分没有鳞片，没有鳞片的地方，皮肤仍然显得很光滑。这种乌贼的鳞片像建筑物上的绛红色的瓦片，通过肌肉组织延伸，紧紧地排列在一起。鳞片随着乌贼的生长逐渐增大，数量也不断增加。一条体长 29.5 厘米的乌贼，全身的鳞片竟多达 12 465 片。每一个鳞片内部都有微小的薄层，里面充满了空气，就像一个

微小的气瓶。显然，这种包着空气的鳞片，可以使乌贼的漂浮和行动更加自由。

这种乌贼在刚出生的时候都带有触手，但是到了成年时触手却全都没有了。人们都知道触手是乌贼的重要生命器官，它们凭借触手来猎取食物和御敌防身，在水里游动时触手也可起到桨的作用，可用来掌握速度和方向。很难想象乌贼没有触手会怎么生活。可是，为什么带鳞的乌贼却没有触手呢？它们没有触手还能生活得很好，这是怎么回事呢？

与其他海洋动物不同的是，别的动物是前进的速度快，而乌贼却是后退的速度快。它们行动的原理是通过肌肉收缩，把外套腔里的水从漏斗管里喷出，借助于水流的反作用，飞快向后游去。可带鳞乌贼却不是这样，它像一般海洋动物那样游动。这又是一个谜。有人分析，大概是由于这种乌贼生活在海洋的底层，靠那些喜静不喜动的动物为食，因此不需要快速运动。到底是不是这样，现在还不能下结论。

巨鳗探谜

鳗鱼对大家来说并不陌生，它的形状跟蛇差不多，在已知的鳗鱼种类中，最长的接近 5 米，它产的崽有 7～12 厘米。如果说有人看见过十几米甚至几十米的大鳗鱼，你一定会惊奇得把眼睛瞪得大大的，难以相信这会是事实。可是近一个多世纪以来，不断传来有关巨鳗的目击报告。

最早发现巨鳗是在 1848 年。当时，一艘名叫"德达拉斯号"的英国巡洋舰航行在离南非好望角不远的海面上。突然，船上的士兵发现了一条奇大无比的大鱼，仅露出水面的部分就有 18 米长。这件事惊动了船上所有的人，都跑出来观看。舰长也跑上甲板，用望远镜观察了 20 多分钟之后，那个怪物才消失了。据目击者说，它的形状跟鳗鱼没有什么区别。

也是在同一年，美国的一艘名叫"达纳普号"的帆船在同一海域又发现了这个庞然大物，这次的发现，要比上一次清楚得多，因为他们距离那个怪物只有50来米。那个怪物的头伸出水面，两只眼睛闪闪发光，能见到的身长有30多米，还不是全部。船长面对这个怪物有些紧张，怕受到袭击，命令炮手向它开火。炮声刚一响，那个怪物就迅速钻入水中不见了。

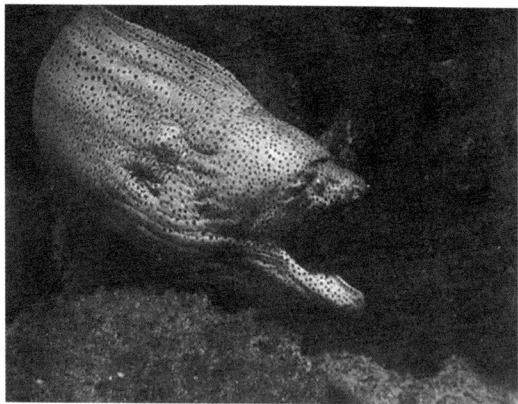

1930年的一天，有一艘名叫"丹纳号"的海洋研究船在南非的海岸以外航行。船上的一位丹麦籍青年从海里面捞出一网鱼虾，网里有一条像蛇一样的东西引起了海洋科学家们的注意，他们根据它的特征和头骨的构造，认定这是一条鳗鱼的幼体，身长1.8米。一般来讲，普通鳗鱼的脊椎骨只有104节，海鳗为150节，而这条奇特的幼鳗的脊椎骨竟有405节之多。根据这条鳗鱼的特点来推算，它长成以后，可能长达55米。由此可见，它一定是巨鳗的幼崽。

但以上这些，还都是"纸上谈兵"，谁也没有真正捉住一条巨鳗给大家看看。所以，这一秘密还埋藏在大海之中，等待着人们去破解。

奇蛇一览

世界上最大的毒蛇叫眼镜王蛇，它生活在亚洲南部的丛林中。眼镜王蛇与普通眼镜蛇在外貌上十分相似，它们最大的不同就是眼镜王蛇的体形比普通眼镜蛇明显要大。眼镜王蛇的体长可达4米，有人还曾发现长达6米的。眼镜王

蛇的毒液毒性非常强，再加上它体形大，排毒量大（眼镜王蛇一次咬物排出毒液的量比普通眼镜蛇多30%，是蝮蛇的2~5倍），因此说它是世界上最毒的蛇。性情凶猛的眼镜王蛇在白天活动和捕食，当它遇到敌害或受到惊吓时，会膨大颈部竖起前半身以示威胁，但几乎从不主动攻击人类。

在印度尼西亚加里曼丹岛上，生活着一种会飞的蛇。这种蛇身体粗短，身上有十几条黑色的环带。它"飞行"的本领其实是一种滑翔能力。当它遇到危险或捕捉食物时，会从大树或崖壁等高处向下做滑翔运动。滑翔时它会把肋骨张开，使身体呈扁平状，从10米高的树上可向下滑翔50多米远。从远处看去，就像飞一样，故名飞蛇。飞蛇是一种无毒蛇。

在南美洲亚马孙河一带的热带森林中有一种火蛇，它具有扑火的功能，是护林员的好帮手。火蛇之所以扑火是因为火光对它的眼睛刺激得很厉害，使它难以忍受。有一次，一位考察队员在森林里烤火时不小心使火势蔓延，眼看他就要被烧死，幸好有几条三四米长的火蛇赶来，用身体把火扑灭，救了他一条性命。

大千世界，无奇不有。在湖北利川，自古以来就生存着一种非常罕见的神奇的小蛇——"碎蛇"。"碎蛇"长约40厘米，秤杆般粗细，鳞片呈褐色，鳞片上有芝麻般大小的白点，肛门后有两道凹线槽，外貌与鳝鱼相仿，因此，当地人又称之为"秤杆蛇"或"干黄鳝"。而"碎蛇"这个名字，则是根据它的身子容易碎断而得来的。"碎蛇"的身体特别脆嫩，如果从树上或高处落下，马上便会被"五马分尸"，断成数截，并且会被弹出老远。然而，人们怎么也不会相信"散架"后的蛇身竟然有"破镜重圆"的回天之术，能在10分钟内奇迹般地重新组合起来，照常行走、生存。"碎蛇"无毒，也不愿咬人；即使咬了人，也不会红肿。因此，大人小孩都不怕它，而且还敢徒手

擒拿它。"碎蛇"还是一味良药，其药用价值非常高，祛风湿、强筋骨、恢复跌打损伤有特效，可制成粉剂直接入口或浸泡在酒中与酒一起饮用。至于"散架"的"碎蛇"何以能够重组、还原，至今仍是个谜，有待于科学工作者来揭示。

在马达加斯加岛上，生活着一种会变色的蛇，当地人叫它"拉塔那"。这种蛇可以根据所处环境的变化而迅速改变体色。在青草地里，它能变成草绿色；在光秃的岩石上，它会变成青褐色；在红色的土壤上，它会变得像胭脂一样红；在花草丛中，它又会变得五光十色，令人难辨是花还是蛇。这种蛇的变色本领既有利于它躲避猫头鹰等凶猛的天敌，又可迷惑老鼠、青蛙等猎物，便于进行捕捉。

在中国河南省辉县曾发现一条双足蛇。这条蛇长约75厘米，蛇足位于蛇尾16厘米处，两足左右并列，犹如一个支架；蛇足长约1厘米，直径约3毫米，分为两趾，极似牛蹄，足面遍布羽状硬刺。目前，这条奇特的双足蛇属何蛇种尚是个谜。

在广西壮族自治区龙州县人们曾捉到一对奇特的黑白蛇。这对黑白蛇总是形影不离，相随相伴。爬行时黑蛇在前，白蛇随后，相距不过1米。这对奇特的黑白蛇是在水库旁边的菜地里捉到的。黑蛇全身乌黑，性情凶暴；白蛇全身呈银白色，性情温顺。

非洲桑给巴尔西部地区的许多内河里的渡船，不是靠人力划，而是用"蛇力"来摆渡。这种摆渡蛇水性好，力气大，一次能拉动一艘载有几十个人的渡船。摆渡蛇性情很温顺，从未发生过伤害人畜或拉翻渡船的事情。

青海怪 "蜻蜓" 探谜

在青海省西部的巴颜喀拉山北麓，有一个村民以砍柴为生的小村落，人口大约200。村里除了少数人到外面做点小生意外，其他人都以伐木来维持生活。村里有一名伐木高手名叫黄建，40岁多一点儿。一棵两个成年人合抱的大松树，他只需10来分钟就可以伐倒。这一纪录，一直没有人能够打破。

1958年8月14日，黄建带着他的三儿子黄小方到森林里伐木。小方虽然只有12岁，却身强力壮，大有其父之风。他们一走到森林里，黄建很快就找到了一棵适合自己砍伐的大树，拿起斧头砍了起来。小方带着斧头向树林的深处走去，寻找适合自己砍伐的大树。

没过多久，就听见树林的深处传来了小方的呼救声："爸爸，快来呀！救命啊！"黄建听到呼救声，急忙向发出喊声的地方跑去。一看，原来是一只足有50厘米长的大蜻蜓，张着黑得发亮的大翅膀，正在疯狂地向倒在地上的小方进攻，小方浑身鲜血淋漓。

黄建举起斧头就砍向大蜻蜓。斧子落空，反而把大蜻蜓给激怒了，亮出它那尾上的毒针，向小方的背部蜇去，小方惨叫不止。黄建再次冲了上去，把大蜻蜓给赶走了，然后扶起了倒在地上的小方。

他们刚刚镇定下来，大蜻蜓又卷土重来。黄建赶紧操起大斧，就像他平时伐木一样，对准它的大眼睛砍去。这一下子正中目标，原来闪闪发亮的大眼睛，顿时流出了黄水。大蜻蜓疼痛难忍，发出了奇怪的叫声，向着西面飞走了。

黄建背起小方回到村里，请村里的医生救治。医生一看，眼睛瞪得滚圆，说："好险哪！如果刺的位置再靠上一点，那小命就完了。"

村长听说黄建父子遭到了大蜻蜓的进攻，就带着一张画有蜻蜓的画来到黄家，问黄建："你们看到的大蜻蜓是不是这个样子？""对，就是这个样子。"黄建肯定地说。村长叹了一口气，慢慢地说："这张画我家已经保存90年了。这还是我曾祖父留下的。一天，他在大森林里砍树，见到了这个奇怪的大蜻蜓，就照着样子画了下来。他当时曾告诉过我的祖父，说这种蜻蜓一出现，一个月内就要有瘟疫流行。看来，我们这一带要发生瘟疫了。"

为了预防瘟疫的发生，村里的医生给全村的人都打了流行病疫苗。可一个月后，奇怪的事情还是发生了，村里许多人都发了高烧，并且长时间不退，最短的也持续了一个星期。好在他们事先做了预防，才没有酿成大的灾难，只有两个老人死去。

这件事实在是太奇怪了，引起了西宁、兰州等地生物学家和病理学家的关注，纷纷来到这个地方进行调查。查来查去，还是查不出一个结果来。没有人知道这种大蜻蜓是一种什么动物，也不知道它是如何传播病菌的。有人认为，可能是神经紧张的黄氏父子把一种类似蜻蜓的大鸟误认为蜻蜓了。至于以后瘟疫的发生，不过是种巧合罢了。

缅甸海星状怪兽探谜

在缅甸的东部高原上的景栋市附近，有一个在地图上找不到的小村庄，由于发生了一件奇怪的事，使得它名声大噪，远近闻名。

那是 1966 年秋季的一天，有一个名叫吴门的村民，同另外 5 个人到山里去砍柴。出去没有多长时间，他就上气不接下气地跑了回来，结结巴巴地说："不好了，山上出现了怪物，把人给伤了！"话还没说完他就昏了过去。经过医生检查，他身上没有发现什么地方受到伤害，诊断为惊恐过度导致休克。村长知道这一天上山去的一共有 6 个人，可只有他一人回来，马上意识到山上可能发生了什么意外的事情，立即组织几名身强力壮的年轻人，带上猎枪及各种武器，向山里奔去。

他们找到这 6 个人伐木的地方，发现有两个人已经倒在了血泊里，身上的伤口还在不断地往外冒鲜血。村长留下两个人抢救受伤的人，又带着其他人顺着血迹到森林里去寻找另外几个人。这时，森林里不断传出叫喊声，他们快步赶到出事地点一看，那 3 个村民正同一个长得极像海星的怪物搏斗。

这个样子像海星的怪物，身体的直径大约有 1 米长，周围长着 5 个像海星一样的角，每个角上都有口，口里长着獠牙，并且还长着 4 只脚，全身被黑毛覆盖着。谁也不知道这个怪物是什么东西，那样子真叫人毛骨悚然。

那 3 个正在同怪物搏斗的村民，身上已经被咬出了不少伤口，眼看就要支持不住了。要不是村长带着人及时赶到，恐怕也要死于非命了。村长一声令下，大刀、长矛、猎枪齐上，可那个怪物视若无物，用它那 4 只脚迅速地走来走去，见到人就从口中吐出细丝。人只要一沾到这种丝，全身就像触电一样麻木了，再也无法行动。

村长见势不妙，忙吩咐带枪的人集中火力，射击怪物的脚。一阵枪声之后，怪物的两条腿被打断了，身体有些失去平衡。但那怪物稍作整理之后，迅速地溜得无影无踪。村民们见状，都惊得目瞪口呆。

当听到受伤的村民的呻吟声时，大家这才回过味来，赶紧七手八脚把他们抬回村里。经过诊治，他们都脱离了危险，不过一遇到天气变坏时，他们全身的关节就会隐隐作痛，不管怎么治也治不好。

自从发生了那件事之后，村民们再也不敢到森林里去伐木了，纷纷到城里谋生。消息传出后，引起了美国一些动物学家的注意，有些人曾到出事地点进行考察，结果一无所获。

"雷兽" 探谜

　　"雷兽"这个名字，对大多数人来说都是十分陌生的，可在云南的高黎贡山一带，却传得很盛。高黎贡山沿着中缅边境南北向南延伸，平均海拔在 4000 米以上。在这一带，有一个叫青河的小村子，位于一个四季如春的山谷里，全村大约有 400 人。

　　村里住着一名姓伍的村民。1965 年 3 月的一天，他辛辛苦苦养的 3 头肥猪一夜之间不见了。他逢人便说，我那 3 头肥猪一定是被"雷兽"给叼走了。

　　"雷兽"到底是一种什么动物呢？据村民们描述，它全身发着金光，好像是把金片贴上去似的；样子像马，不过四肢要比马短了很多；额头上有一只独角，叫起来就跟猫头鹰一样；嘴角上还长了两颗獠牙。

　　姓伍的村民有个儿子，名叫伍宗诚，在村里负责保安工作。他安慰爸爸说："爹，您别着急，我已经派人进行调查，同时关闭了村里对外的联络道路，猪一定会找回来的。"

　　到了晚上，为了保证村里的安全，伍宗诚带着几个人在村里巡逻。青河村虽然只有 400 多人，但住得很分散，巡逻一圈，也得大半夜。这天晚上乌云密布，连一颗星星也见不到，他们走在伸手不见五指的小道上，心里直发毛。

　　他们巡逻了大半个村子，已经是后半夜了，大家都有些精疲力竭。这时，突然黑暗里金光一闪，把他们吓了一大跳。那个金光闪闪的东西径直朝他们冲了过来。人们不知道那是个什么东西，但从奔跑的声音来判断，类似于牛或马之类的猛兽。伍宗诚大喊一声"快躲开"。话音刚落，那个怪物已冲到眼前，有个来不及躲开的小伙子，一下子被撞倒了，肚子被那怪物的獠牙给豁开了，肠子流了一地。

那个"雷兽"一看捕到了猎物，低下头来准备美餐一顿时，伍宗诚和他另外三个伙伴不约而同地开了枪。怪物身中数弹，嚎叫一声，倒在了地上。人们赶紧把受伤的伙伴送到医院，可已经晚了。

天亮以后，人们都来看这个怪物，大家不约而同地说："这就是'雷兽'。"事后，伍宗诚把"雷兽"的皮剥了下来，卖给了皮货商，把所得的钱送给了死去的那位伙伴的妻子。

这个故事在当地引起轰动，有人猜测，所谓"雷兽"，可能是一种毛色变异的野猪或者犀牛。

透明鱼探谜

看到这个标题，你一定会感到很奇怪，鱼的血液都是红色的，怎么会无色透明？为了满足你的好奇心，下面就给你讲一讲这种血液无色透明的鱼。

这种鱼生活在南极海域，看上去，这种鱼的样子与其他鱼没有什么不同，只是在它呼吸的时候，能够看到它的鳃部全是白色的。对这种鱼不了解的人，一定认为这是一种病态。其实不是，因为这种鱼的血液里没有血红素，几乎没有红细胞，所以它的血液是无色透明的。人们称这种鱼为带鳄鱼，带鳄鱼的体长可达60厘米，重达2千克。

血液之所以是红色的，是因为血液里含有血红素的缘故。血红素在动物体内起着极为重要的作用，因为氧气在水和血液中的溶解度是有限的。而血红素可使血液摄取和输送氧气的能力提高，从而满足动物活动时对氧气的需要。所以，血红素或血红蛋白又被称作呼吸色素。由此人们想到，带鳄鱼的血液中没有血红素，它是怎样摄取氧气，又是怎样把氧气输送到身体的各部位去的呢？

带鳄鱼为了适应自身的特点，在呼吸方面进行了一定的调整。科学家们发现，它的代谢能力很低，在安静的时候，它的耗氧量只是其他鱼类的1/3或1/2，这就大大减少了血液在摄氧和运送氧上的负担。另外，它的鳃摄取氧的能力很强，为了满足运动时能够不停地从水中吸取氧气的需要，其摄氧量可提高到安静时的三四倍。此外，它的皮肤也具有很强的摄氧能力。据计算，在某种情况下，其皮肤系统的摄氧量是安静时的30%～40%，大大超过其他鱼类。

它的循环系统也很有特点。它的血液量很大，按体积计算，可占身体的8%～9%，是其他鱼类的2.4倍。各组织间的血管十分发达，血流量大，溶解于其中的氧气自然就多。它还有一个很大的心脏，是一般红血鱼的3倍，能高效率地输送大量血液。再加上血红细胞不多，黏性较低，血管又很粗，所以血流阻力小，一直保持着较低的血压。在含氧量低的水域里，其心脏的输出量就大，而在氧气多的水域里，其输出量就小。因此，它可以生活在不同的水域里。

对带腭鱼进行研究之后，人们仍有许多不解的地方：为什么在那么多的鱼里面，只有这种鱼的血液是无色透明的？它的这种特点是怎么形成的？它还有没有其他的摄氧方式？

鲸鱼集体自杀之谜

鲸鱼，这个动物世界中的巨无霸，给人们留下许多谜，其中之一就是集体自杀。自1913年以来，有案可查的鲸鱼自杀的总数已超过万条。下面就是一些规模比较大的鲸鱼自杀的记载：1946年10月，835条虎鲸冲上了阿根廷马德普拉塔城海滨浴场，全部死亡；1970年，150多条逆戟鲸冲上美国佛罗里达州皮尔斯堡的沙滩，从此再也没有返回大海；1979年7月的一天，加拿大欧斯海湾的沙滩上，躺着130多条鲸鱼的尸体；1980年6月，58条巨头鲸，死在了澳大利亚新南威尔士州北部海岸西尔·罗克斯附近的特雷切里海滩上……

为了阻止这些鲸鱼自杀，人们想尽了一切办法：驾着渔船，开足水龙头，想阻挡它们冲上海滩；或者用绳索、驳船等把它们拖回大海……可这一切努力都等于零，水龙头阻挡不了它们冲上沙滩，拖回深水里的又游了回来，重新冲上沙滩。人们只能眼巴巴地看着它们死去。

鲸鱼集体自杀这种现象，成了海洋学家们研究的重要课题。对其死因，有很多种说法。有人认为，鲸鱼的迁徙，是凭借地球磁场来决定的，它们在迁徙过程中，似乎是循着磁力低的地方走而尽力避开磁力高的地方。有人曾把在美国东海岸发生的212起鲸鱼自杀所在地的地图，与美国地质调查局绘制的该地区磁力地形图进行比较，发现鲸鱼集体自杀的地方往往是磁力较低或极低的地方。这些鲸鱼可能是顺着这些磁力低的方向往前走时，搁浅在海滩上，至死不回头。

有人研究了133起鲸鱼自杀事件后，发现其现场大多在低海岸、水下沙滩和淤泥冲积地，自杀时间多是在暴风雨之后。据此分析，鲸鱼拥有精确的回声测位器官，凭借这种器官进行迁徙，一般不会发生问题。只有在浅滩，声波被散射或衰减，妨碍了对回声的接收，使导航发生困难，尤其是暴风雨后，造成海底泥沙泛起，使声波的接收更加困难，从而使鲸鱼陷入绝境。

除此之外，还有人认为是寄生虫影响了鲸鱼耳朵的功能，结果造成悲剧的；也有人认为是鲸鱼的声呐系统被破坏造成悲剧等。现在人们正在千方百计地寻找鲸鱼集体自杀的真正原因，以便有效地阻止它们集体自杀，保持生态平衡。

抹香鲸探谜

　　全世界的鲸鱼共有 90 多种，分成齿鲸和须鲸两大类，而抹香鲸在鲸类中，要算是老大哥了。它不但个头儿大、捕食凶猛，其外形也很奇特，就像一个大大的蝌蚪，光脑袋就占了整个身体的 1/4，看上去有头重脚轻之感。它那个大脑袋可不是空的，里面装满了鲸油，一头大抹香鲸脑袋里的油，重达 1000 千克。人们还发现，抹香鲸的油，是所有鲸类中最纯净的。这样一来，抹香鲸就遭了殃，人们为了牟取暴利，肆意捕杀，抹香鲸的数量锐减，从原来的 100 多万头，减少到现在的几万头，面临灭绝的危险。为了挽救抹香鲸的命运，世界各国都制定了一些保护措施，并在海洋里划出禁猎区。

　　科学家们对抹香鲸最感兴趣的，还是它奇特的大脑袋。它长那么大个脑袋，是干什么用的呢？人们提出了各种不同的看法。

　　有人认为，抹香鲸大脑袋里面的脂油，起着回声探测器的作用。抹香鲸的食量很大，平均每天需要捕食 300 千克，它不仅白天要进食，晚上也要进食。抹香鲸的食物主要是章鱼和大乌贼，在嘈杂的海洋世界里，如果不用回声定位法来探测猎物的方位和数量，行动就不会灵敏和迅速。而抹香鲸大脑袋里的脂肪，就像声学中的透镜体，把复杂的回声折射成灵敏的探测声束，传入耳中，这样才可让大脑做出快速准确的判断。

　　有人不同意以上这种说法，认为抹香鲸大脑袋里面装了那么多的油，是为了潜水用的。因为抹香鲸的食物——章鱼和乌贼都生活在深海区，它为了捕捉到更多的食物，必须延长潜水时间，它那个大脑袋里面装的那些油脂，就起到了浮力调节器的作用。这两种说法谁是谁非，还有待于进一步研究。

　　此外，人们还发现抹香鲸另外一个奇特之处，即它只有下牙，没有上牙。

下牙很大，足有 20 厘米长，每侧有 40~50 枚，这些牙齿把上颌刺出了一个个洞。别看它牙齿长得怪，一旦被它咬住，就休想脱身。有人分析，抹香鲸捕捉大王乌贼，不是靠它的牙齿，也不是因为它那个庞大的身体，而是它在捕食之前要大吼一声，这一声会把动物吓昏，然后它再慢慢品尝。是不是这样呢？

南极海豹干尸迁移探谜

本来，在南极洲发现海豹的干尸并不是什么新鲜事儿，因为那里是海豹的故乡。整个南极洲的海豹总数大约在 7000 万头，平均每平方千米就能见到 144 头各种海豹。可是我们这里所说的海豹干尸，不是在接近海边的地带，而是在远离海岸大约 60 千米的山谷里。在这些深深的峡谷里，终年没有冰雪覆盖，气候异常干燥，裸露着大片岩石。

更让人迷惑不解的是，在诸多种海豹里，变成干尸的只有食蟹海豹和威德尔海豹两种。这些海豹干尸的体长一般为 1 米左右，属于年幼的海豹。人们知道，海豹经常生活在紧靠海边的陆地上，特别是食蟹海豹，常常生活在远洋，它们怎么会死在距离海岸远达 60 千米的地方呢？

科学家们对南极海豹干尸产生了极大的兴趣，并进行了深入研究探讨，提出了各种各样的假设。归纳起来主要有以下三种：

古海退落说。持这种观点的人认为，这些地区原来曾是一片海洋，后来由于海面降低，海水退落而形成干谷。由于这年幼的海豹未能随水退走，才被搁浅在岸上成了干尸。这种观点遭到了地理学家的反对，因为在这些干谷地区，没有发现古海的遗迹。

海啸说。持这种观点的人认为，在几百或几千年以前，这些地区曾经发生过大海啸，那些幼小的海豹因年轻力小，被大海的波涛抛进了干谷，慢慢形成了干尸。如果这一说法成立的话，那么应该在许多地方都发现海豹的干尸才对，可为什么只在这里才发现了呢？持这种观点的人，恐怕难以解释这个问题。

海豹迷向说。持这种观点的科学家认为，海豹有爬到岩石上晒太阳的习惯。在它们爬上岸来晒太阳的时候，迷失了方向，才走进干谷死去的。但这也只不过是一种推测。

海豹干尸的成因问题还没有解决，人们又提出了另外一个问题：它们是什么时候死的？科学家们用放射性碳素测年法对这些海豹进行年代测定，发现它们已存在 1210 年了。这个问题又该怎么解释呢？

飞猫探谜

可以说，几乎没有人没看见过猫，因为猫是人类的宠物，许多人家都养着猫。但恐怕没有几个人见过飞猫。

说来话长，人们看到飞猫的历史已经很久远了。那还是在 1905 年，在英国威尔士北部的小城彭特沙锡尔，一所学校的孩子们正在操场上玩耍，突然天空中飞来一只怪物，在学校的上空盘旋。由于它飞得很低，许多学生都看得很清楚，都一致说那是一只猫。当地的《天文》杂志对这个怪物进行了报道，说这个怪物长着 4 只脚，翅膀是黑黑的，大约有 3 米长，飞行速度大约每小时 30千米。

此后，有关飞猫的报道不断见诸报端。1933 年 6 月的一天，在英国萨马斯城的比斯·克利菲斯夫人家的院子里，发现了一只黑白相间，长相十分奇特的"猫"，它的身上还长着翅膀。当它发现有人向它走来时，就张开翅膀飞走了。这是最早的一次近距离目击飞猫。比斯·克利菲斯夫人把这件事报告给了当地动物园。动物园的园长和管理主任富兰克·欧恩赶往现场。当他们到达现场时，那只怪猫又出现了，他们急中生智，用网把这只怪猫给捕获了。这只怪猫在动物园里生活了一段时间后才死去。

"有翅膀的猫"也出现在加拿大。1966年6月，这种"有翅膀的猫"出现在一个名叫阿尔菲列特的小村子里。这只长着大翅膀的黑猫从天而降，冲向家畜，把鸡、鸭撵得到处跑，连老牛也惧它三分。一天，正在屋里做糕点的商人列巴斯听到外面响起一阵尖叫声，他跑出来一看，原来是邻居家的猫被一个张开翅膀、贴地飞行、样子像猫的怪物追赶着，在拼命地逃跑。他看见这只怪物还曾落在地上，一跳一跳地跑，然后又张开翅膀飞起来。列巴斯赶紧跑回屋里取来猎枪，向着"有翅膀的猫"发射了5发子弹。"有翅膀的猫"掉在了地上。人们赶来一看，都惊呆了，这个怪物的胡须、耳朵、脑袋都跟猫一样，所不同的是，它长着两颗约2厘米、像针一样锐利的獠牙，眼睛发出暗绿色的光，它的翅膀有35厘米长，体重约5千克。这只怪物被埋在了他家的后院。

几天以后，这只埋在院子里的怪物被挖了出来，送到开布特比尔农校的兽医实验室进行验尸。主持验尸的兽医说："人们所说的翅膀，不过是一团毛，这个怪物也只不过是一只普通的黑猫。"他的结论，遭到了阿尔菲列特村及其周围一些村庄村民的反对，因为他们多次见过这种"有翅膀的猫"。有人曾杀死过这种怪物，还有人曾捉住过它。

有个名叫约翰·吉尔的科学家，对这种怪物进行了实地调查和研究。他认为，这种怪物是介于猫和蝙蝠之间的生物，说不定会在某个地方找到它们的族群。

"有翅膀的猫"到底是一种什么生物，还有待于科学家进行深入研究。